石油教材出版基金资助项目

石油高等院校特色规划教材

工程流体力学实践指导

孙东旭　马贵阳　主编

石油工业出版社

内 容 提 要

本书是针对"工程流体力学"课程学习过程中缺少实际工程案例的问题而编写的一部实践指导教材,书中列举了较多的工程实际案例帮助读者理解工程流体力学基本概念、公式和定理。本书与马贵阳主编的教材《工程流体力学(第二版)》配套使用,为其课后习题提供详解,因此书中章节也与其保持一致,每章包含重点与难点解析、典型例题精讲和课后习题详解三部分。

本书可作为油气储运工程、石油工程、热能工程、过程装备与控制工程、机械工程及自动化等专业的教学参考书和考研辅导书,也可供相关专业学生学习使用。

图书在版编目(CIP)数据

工程流体力学实践指导 / 孙东旭,马贵阳主编.
北京:石油工业出版社,2025.1. -- (石油高等院校特色规划教材). -- ISBN 978-7-5183-7330-7

Ⅰ.TB126

中国国家版本馆 CIP 数据核字第 2025SV6599 号

出版发行:石油工业出版社
(北京市朝阳区安华里二区1号楼 100011)
网　　址:www.petropub.com
编辑部:(010)64251610
图书营销中心:(010)64523633
经　　销:全国新华书店
排　　版:北京密东文创科技有限公司
印　　刷:北京中石油彩色印刷有限责任公司

2025年1月第1版　2025年1月第1次印刷
787毫米×1092毫米　开本:1/16　印张:9
字数:226千字

定价:28.00元
(如出现印装质量问题,我社图书营销中心负责调换)
版权所有,翻印必究

前　言

　　"工程流体力学"是油气储运工程、石油工程、热能工程、过程装备与控制工程、机械工程及自动化等众多工科专业的重要学科基础课程。在教学过程中发现，广泛而深入的工程实际案例训练是使学生快速理解基本概念、熟练应用基本公式和基本定理的有效手段。然而，由于学时限制，课上教学缺乏对工程实际案例的深入讲解，学生课下做习题时急需有效的讲解材料。因此，本书的编写旨在为学习"工程流体力学"课程的学生提供重难点解析和典型工程案例详解。此外，针对马贵阳教授主编的《工程流体力学（第二版）》教材课后习题，本书提供了详细、完整的解析过程。本书编写过程中力求以严谨且通俗易懂的语言解析工程流体力学重难点问题，思路清晰，论证过程逻辑严谨。

　　本书主要包括十章内容，其中第一章主要为连续介质模型、黏度、密度等流体力学的基本概念，为后续章节奠定基础；第二章为流体静力学，重点探讨了流体和固体壁面之间的相互作用；第三章至第五章为流体动力学相关内容，其中第三章为流体动力学，介绍了动力学研究的基本方法和流体运动的描述方式，第四章和第五章分别针对理想流体和实际流体，重点探讨了不可压缩流体的运动基本方程；第六章为相似原理及量纲分析，是设计流体力学实验的基础；第七章为管道流动的水力计算，可应用于管道运输领域；第八章为一维不稳定流动，重点讲解水击的产生和危害；第九章为气体动力学基础；第十章为湍流射流。

　　本书在编写过程中，得到王博、冀翼、徐铭等研究生的帮助，中国石油抚顺石化公司储运部的潘子嶓高工结合生产实际为本教材编写提供了大量素材，在此一并表示感谢。由于编者水平有限，难免有错误之处，恳请读者批评指正。

编　者
2024 年 11 月

目 录

第一章　流体力学基本概念 ·· 1
　　第一节　重点与难点解析 ·· 1
　　第二节　典型例题精讲 ··· 4
　　第三节　课后习题详解 ··· 7
第二章　流体静力学 ·· 14
　　第一节　重点与难点解析 ··· 14
　　第二节　典型例题精讲 ·· 17
　　第三节　课后习题详解 ·· 28
第三章　流体动力学 ·· 44
　　第一节　重点与难点解析 ··· 44
　　第二节　典型例题精讲 ·· 48
　　第三节　课后习题详解 ·· 51
第四章　理想不可压缩流体平面无旋流动 ··· 63
　　第一节　重点与难点解析 ··· 63
　　第二节　典型例题精讲 ·· 65
　　第三节　课后习题详解 ·· 67
第五章　黏性不可压缩流体运动 ··· 72
　　第一节　重点与难点解析 ··· 72
　　第二节　典型例题精讲 ·· 73
　　第三节　课后习题详解 ·· 75
第六章　相似原理及量纲分析 ·· 89
　　第一节　重点与难点解析 ··· 89
　　第二节　典型例题精讲 ·· 91
　　第三节　课后习题详解 ·· 94
第七章　管流水力计算 ·· 100
　　第一节　重点与难点解析 ·· 100
　　第二节　典型例题精讲 ··· 103
　　第三节　课后习题详解 ··· 107
第八章　一维不稳定流动 ·· 115
　　第一节　重点与难点解析 ·· 115
　　第二节　典型例题精讲 ··· 117
　　第三节　课后习题详解 ··· 117

— 1 —

第九章 气体动力学基础 …………………………………………………………………… 122
　第一节　重点与难点解析 ……………………………………………………………… 122
　第二节　典型例题精讲 ………………………………………………………………… 124
　第三节　课后习题详解 ………………………………………………………………… 125

第十章　湍流射流 ………………………………………………………………………… 130
　第一节　重点与难点解析 ……………………………………………………………… 130
　第二节　典型例题精讲 ………………………………………………………………… 130
　第三节　课后习题详解 ………………………………………………………………… 132

第一章 流体力学基本概念

　　流体力学是研究流体的平衡及运动规律、流体与固体之间的相互作用规律,以及流体的机械运动与其他形式运动之间的相互作用规律的一门学科。流体力学是力学的一个分支,其研究内容主要包括流体静力学、流体运动学和流体动力学。本章将介绍流体力学的研究方法及基本概念。

第一节　重点与难点解析

1. 流体力学的主要研究内容

　　流体力学是研究流体受力及其宏观运动规律的一门学科,是长期以来人们在利用流体的过程中逐渐形成的,研究内容主要包括流体静力学、流体运动学和流体动力学。其中流体静力学主要研究流体在静止状态下的平衡条件及其内部的压力分布规律;流体运动学主要研究流体运动的方式和速度、加速度、位移、转角等描述流体运动的物理量随时空的变化规律;流体动力学主要研究引起运动的原因和确定作用力的方法。

2. 流体力学的主要研究方法

　　流体力学的主要研究方法有理论分析方法、实验研究方法和数值计算方法。理论分析方法是指通过对实际流动问题的简化,建立相应的数学模型,再通过数学方法进行求解,达到揭示流体运动规律的目的,例如流体平衡微分方程、理想流体运动微分方程和 N—S 方程等都是通过理论分析方法求得的;实验研究方法一般是通过实验测定实际流动中的物理量和准则数,抓住主要要素,通过实验数据的归纳和分析找出准则方程,推广和应用到相似的流动中,例如黏性流体的层流和湍流两种流动状态就可以通过实验来研究;数值计算方法是按照理论分析方法建立数学模型,在此基础上选择合适的计算方法,如有限差分法、有限元法等,将方程组离散化,再利用计算机编制程序进行计算,得到实际问题的近似解。

3. 流体的概念与特点

（1）概念。

　　将物质按照其存在的状态划分,通常可以分为固体、液体和气体。流体是液体和气体的总称。

(2)特点。

流体与固体相比有以下特点:分子间引力较小且排列松散,分子运动较强烈;其微观特点决定了流体在宏观上不能保持一定形状,具有很大的流动性;因为流体不能保持一定形状,所以只能承受压力而不能抵抗拉力和切向力;流体具有在承受任何微小剪切力时都能产生连续变形的特点,即流体的流动性。

4. 连续介质模型

假设流体由流体质点组成,这些流体质点是宏观上充分大、微观上充分小的分子团,它们连续地充满了流体所在的整个空间,质点之间无任何空隙存在。在这一假设条件下,表征流体性质和运动特征的物理量(如速度、压强、温度、密度等)可以看作时间和空间的连续函数,这样就可以利用数学上连续函数的解析法来分析和解决流体力学问题。

5. 密度与相对密度

(1)密度。

单位体积流体所具有的质量称为流体的密度,用 ρ 表示,其单位为 kg/m³。均质流体密度的计算公式为:

$$\rho = \frac{M}{V}$$

式中　M——流体的质量,kg;

　　　V——流体的体积,m³。

(2)相对密度。

流体的相对密度是指流体绝对密度与某种常见流体密度的比值。液体的相对密度是指液体的绝对密度 ρ 与标准大气压下4℃纯水的密度 $\rho_水$ 的比值,用 δ 表示,即:

$$\delta = \frac{\rho}{\rho_水}$$

气体的相对密度是指气体绝对密度与特定温度和压力下氢气或者空气的密度的比值。需要注意的是,流体的密度并不稳定,温度和压强对其密度都有影响,因此在谈及流体密度时需指明流体所处的温度和压强。

6. 比体积与重度

(1)比体积。

比体积与密度一样,都是描述流体的质量与体积之间关系的物理量,它表示单位质量流体所具有的体积,等于密度的倒数,用 ν 表示,单位为 m³/kg。

(2)重度。

单位体积流体所受的重力称为流体的重度,用 γ 表示,单位为 N/m³。对于均质流体,有:

$$\gamma = \frac{G}{V} = \frac{\rho g V}{V} = \rho g$$

式中　ρ——流体的密度,kg/m³;

　　　g——重力加速度,在国际和工程单位制中其数值约为9.80m/s²。

7. 压缩性和膨胀性

（1）压缩性。

前面提到，流体的密度并不是常量，温度和压强对流体密度都有影响，即温度和压强变化时，流体的体积会发生变化。在一定温度下，作用在流体上的压强增高时流体的体积将减小，这种性质称为流体的压缩性。表征压缩性大小的物理量为压缩系数，用 β_p 表示，单位为 Pa^{-1} 或 m^2/N：

$$\beta_p = -\frac{1}{V}\frac{dV}{dp}$$

由压缩系数的计算公式可知，压缩系数表示温度不变时，每增加一个大气压，流体的体积变化率。由于压力增加时体积减小，即 dV 与 dp 符号相反，所以公式中添加负号以保证压缩系数为正值。

压缩系数的倒数称为体积弹性模量，用 K 表示，单位为 Pa。体积弹性模量也是表征流体压缩性大小的物理量，K 越大，流体压缩性越小。

$$K = \frac{1}{\beta_p}$$

流体的压缩性与流体的种类、温度和压强有关。当其压缩系数的改变量对所研究的问题影响很小，可以忽略不计时，这种流体称为不可压缩流体，反之称为可压缩流体。通常液体的压缩性很小，工程中一般把液体当作不可压缩流体处理。

（2）膨胀性。

在压强一定的条件下，随着流体温度的升高，其体积增大的性质称为流体的膨胀性。膨胀性的大小用体积膨胀系数 β_t 表示，单位为 K^{-1} 或 $℃^{-1}$：

$$\beta_t = \frac{1}{V}\frac{dV}{dt}$$

它表示在压力不变的条件下，单位温升引起的体积变化率。

8. 黏性

流体具有阻碍自身流动的性质，这种性质称为流体的黏性。流体之所以具有黏性，是由于当流体运动时，流体微团发生相对滑移运动，在流体内部会产生内摩擦力，内摩擦力阻碍了流体的流动。

9. 牛顿内摩擦定律

牛顿经过大量实验得出：对于给定的流体，作用于速度为 u 和 $u+du$ 的相邻两流层上的内摩擦力 T 的大小与流体的性质有关，并与两流层的接触面积 A 和速度梯度 du/dy 成正比，而与接触面上的压力无关，如图 1-1 所示，即：

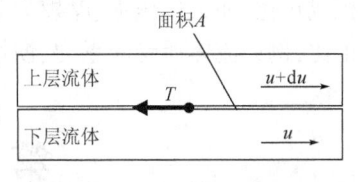

图 1-1 不同流层速度梯度

$$T = \pm \mu A \frac{du}{dy}$$

式中，"$\pm$"是为使内摩擦力 T 为正值而设置的，当速度梯度 $du/dy > 0$ 时取正号，反之则取负号。μ 是一个与流体性质、温度有关的量，称为流体的动力黏性系数或动力黏度，它是反映流体黏性大小的物理量，单位为 $N·s/m^2$ 或 $Pa·s$，有时动力黏度也用"泊"来表示，记作"P"。两个单位换算关系为：

$$1P = 0.1 Pa \cdot s$$

单位面积流体所受的内摩擦力称为黏性切应力,用 τ 表示:

$$\tau = \pm \mu \frac{du}{dy}$$

另一个表示流体黏性大小的物理量是运动黏度,用 ν 表示,等于流体动力黏度除以流体密度,单位为 m^2/s:

$$\nu = \frac{\mu}{\rho}$$

在流体力学中,运动黏度比动力黏度更常见。运动黏度还可以单位"斯"来表示,记作"St":

$$1St = 10^{-4} m^2/s$$

10. 牛顿流体与非牛顿流体

符合牛顿内摩擦定律的流体称为牛顿流体,否则称为非牛顿流体。常见的牛顿流体有空气、水、酒精和特定温度下的石油;非牛顿流体有原油、血液等。

11. 温度对黏性的影响

流体的黏性与流体的种类和温度有关。液体的黏性随温度的升高而降低,气体的黏性随温度的升高而增大。温度对液体、气体的影响规律不同是由于液体和气体的微观分子结构不同:液体由于分子间的距离很小,因此引起黏性变化的主要原因是分子间引力,当温度升高时,分子热运动加强,间距增大,引力随之减小,黏性降低;气体分子之间的间距较大,引起黏性变化的主要原因是分子间的热运动,当温度升高时,分子热运动加剧,分子间碰撞加强,导致气体黏性增大。

12. 实际流体与理想流体

实际流体都具有黏性,但黏性会在流体流动时产生黏性力,为分析问题带来麻烦。当研究某些实际问题时,若黏性力与压力、惯性力等相比可忽略不计,则将这样的流体称为理想流体。

13. 作用在流体上的力

流体的每一质点,无论静止或运动,都受到力的作用。将作用在流体上的力进行分类,可以分为表面力和体积力(或称质量力)。表面力作用于所研究流体的表面上,并与作用面的面积成正比,如大气压强、摩擦力等。体积力作用在每一个流体质点上,并与作用的流体质量成正比,例如流体所受的重力、惯性力等。

第二节 典型例题精讲

【例1-1】 体积为 $5m^3$ 的水,在温度不变的条件下,当压强从 98000Pa 增加到 $4.9 \times 10^5 Pa$ 时,体积减小 1L,求水的压缩系数和体积弹性模量。

【分析】 此题考查表征流体压缩性的两个物理量——压缩系数和弹性模量的计算方法。它们互为倒数,只要求出一个,另一个就可计算出来。在解答时需要注意压缩系数和体积弹性模量的单位。

解:根据压缩系数的计算式,代入数值得:

$$\beta_p = -\frac{1}{V}\frac{dV}{dp} = -\frac{1}{5} \times \frac{-0.001}{490000-98000} = 5.1 \times 10^{-10}(\text{Pa}^{-1})$$

体积弹性模量等于压缩系数的倒数:

$$K = \frac{1}{\beta_p} = \frac{1}{5.1 \times 10^{-10}} = 1.96 \times 10^9(\text{Pa}) = 1960(\text{MPa})$$

【**例 1-2**】[东南大学 2005 年考研试题] 设有黏度 $\mu = 0.5\text{Pa}\cdot\text{s}$ 的牛顿流体沿壁面流动,其速度分布为抛物线型,$y_1 = 60\text{mm}$,$u_{\max} = 1.08\text{m/s}$,抛物线的顶点位于 A 点,如例 1-2 图所示。分别求 $y=0$、$y=20\text{mm}$、$y=40\text{mm}$ 时各点处的切应力。

【**分析**】 此题考查牛顿内摩擦定律,动力黏度已经给出,解题的关键是计算各点处的速度梯度 du/dy,而计算速度梯度需要计算出速度 u 关于坐标 y 的函数 $u = u(y)$。此外,还应注意此题涉及的长度单位为 mm,而动力黏度的单位中使用了 Pa,即面积单位使用了 m^2,所以在计算时应将单位统一,最为常用的方法是都转换为国际单位制(SI)(质量 kg、长度 m、时间 s)。

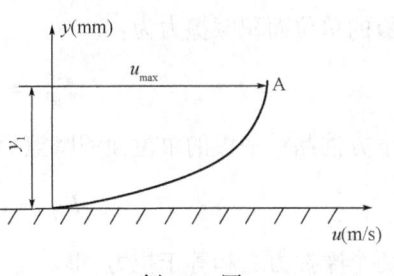

例 1-2 图

解:设速度 u 关于坐标 y 的函数 $u=u(y)$ 抛物线方程为:

$$u(y) = ay^2 + by + c$$

根据已知条件可以得到三个关于 u 与 y 之间的关系:

$$y = 0, \quad u = 0$$
$$y = 0.06, \quad u_{\max} = 1.08$$

顶点在 A 点:$-\dfrac{b}{2a} = y_1 = 0.06$

将上面三个已知条件代入抛物线方程可以得到:

$$u(y) = ay^2 + by = -300y^2 + 36y$$

通过求导数得到速度梯度:

$$\frac{du}{dy} = -600y + 36$$

代入牛顿内摩擦定律得切应力计算式为:

$$\tau = \mu\frac{du}{dy} = -300y + 18$$

将 $y=0$、$y=0.02\text{m}$、$y=0.04\text{m}$ 分别代入上式得各点处的切应力分别为:

$$y = 0, \quad \tau = 18\text{Pa}$$
$$y = 0.02\text{m}, \quad \tau = 12\text{Pa}$$
$$y = 0.04\text{m}, \quad \tau = 6\text{Pa}$$

【**例 1-3**】 如例 1-3 图所示,在相距 $h=0.06\text{m}$ 的两个固定平行平板中间放置另一块薄板,在薄板的上下分别放有不同黏度的油,并且一种油的黏度是另一种油的 2 倍。当薄板以匀速 $v=0.3\text{m/s}$ 被拖动时,每平方米受拉力 $F=29\text{N}$,求两种

例 1-3 图

油的黏度各是多少？

【分析】 此题考查牛顿内摩擦定律，通过受力分析可以求出平板受油品的摩擦力，进一步可求出油品动力黏度。

解： 平板在拉力、上下油品的摩擦力作用下做匀速运动，所以其合力等于0，即：

$$F_{f1} + F_{f2} = F = 29\text{N}$$

由于油品厚度较小，可以将壁面处的速度梯度近似按照平均速度梯度处理，上方油品对平板的单位面积摩擦力为：

$$F_{f1} = \mu \frac{\mathrm{d}u}{\mathrm{d}y} = \mu \frac{\Delta u}{\Delta y} = \mu \frac{v-0}{h/2} = 10\mu$$

下方油品对平板的单位面积摩擦力为：

$$F_{f2} = \mu \frac{\mathrm{d}u}{\mathrm{d}y} = \mu \frac{\Delta u}{\Delta y} = 2\mu \frac{v-0}{h/2} = 20\mu$$

两个摩擦力之和等于拉力，得：

$$\mu = 0.97\text{Pa}\cdot\text{s}$$

即上层油品的动力黏度为 $0.97\text{Pa}\cdot\text{s}$，下层油品的动力黏度为 $1.94\text{Pa}\cdot\text{s}$。

【例1-4】 如例1-4(a)图所示，一圆锥体绕其中心轴以 $\omega = 16\text{rad/s}$ 的角速度旋转。已知圆锥半径 $R = 0.3\text{m}$，锥体高 $H = 0.5\text{m}$，锥体与锥腔之间的间隙 $\delta = 1\text{mm}$，间隙内润滑油的动力黏度 $\mu = 0.1\text{Pa}\cdot\text{s}$，试求使锥体旋转所需的力矩 M。

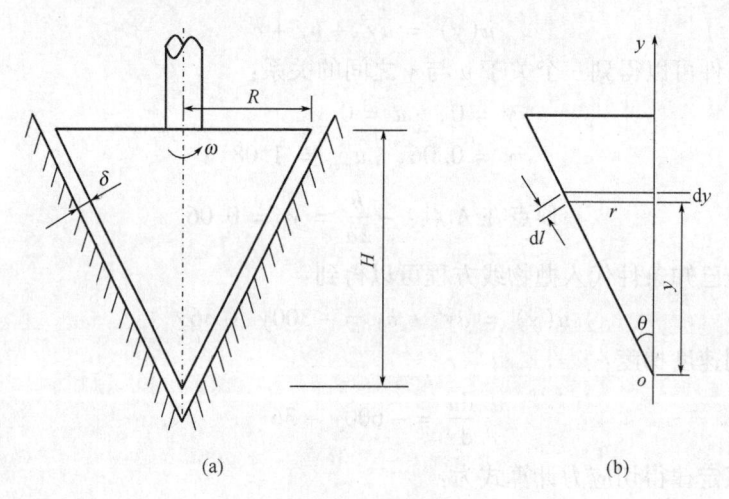

例1-4图

【分析】 此题考查牛顿内摩擦定律。由于圆锥体匀速转动，所以其受力和力矩都保持平衡状态，即使圆锥体旋转所需力矩等于圆锥面所受的摩擦力产生的力矩。由于不同高度上摩擦力的力矩不同，所以此题采用微分法求解较为方便。

解： 如例1-4(b)图所示，以圆锥体顶端为圆点、圆锥中心线为 y 轴建立如图所示的坐标系。在坐标 y 处取微元高度 $\mathrm{d}y$，y 处对应的半径为 r，圆锥母线与 y 轴夹角为 θ。在圆锥表面 $\mathrm{d}y$ 所对应的线段长度为：

$$\mathrm{d}l = \mathrm{d}y/\cos\theta$$

线段 $\mathrm{d}l$ 绕 y 轴一周形成的环状面积为：

$$\mathrm{d}S = 2\pi r \mathrm{d}l = \frac{2\pi r}{\cos\theta}\mathrm{d}y$$

该高度上的摩擦力大小为：

$$F = \mu \mathrm{d}S \frac{\mathrm{d}u}{\mathrm{d}r} = \mu \mathrm{d}S \frac{\omega r - 0}{\delta} = \mu \frac{\omega r}{\delta} \mathrm{d}S$$

该摩擦力产生的微元力矩大小为：

$$\mathrm{d}M = F \cdot r = \mu \frac{2\pi \omega r^3}{\delta \cos\theta} \mathrm{d}y = \mu \frac{2\pi \omega (y\tan\theta)^3}{\delta \cos\theta} \mathrm{d}y$$

润滑油对锥体的总力矩大小为：

$$M = \int \mathrm{d}M = \int_0^H \mu \frac{2\pi \omega (y\tan\theta)^3}{\delta \cos\theta} \mathrm{d}y = \frac{\pi \omega \tan^3\theta H^4}{2\delta \cos\theta}$$

按照几何关系可得 $\tan\theta = 0.6$，$\cos\theta = 0.86$，代入上式得：

$$M = 39.4 \mathrm{N} \cdot \mathrm{m}$$

第三节　课后习题详解

【1-1】 什么是连续介质模型？引入连续介质模型的目的是什么？

答：连续介质模型是假设流体由流体质点组成，这些流体质点是宏观上充分大、微观上充分小的分子团，它们连续地充满了流体所在的整个空间，质点之间无任何空隙存在。

在这一假设条件下，表征流体性质和运动特征的物理量（如速度、压强、温度、密度等）可以看作时间和空间的连续函数，这样就可以利用数学上连续函数的解析法来分析和解决流体力学问题。

【1-2】 水的体积弹性模量为 $1.96 \times 10^9 \mathrm{N/m}^2$，问压强改变多少时，它的体积相对压缩1%？

【分析】 题目中给出了水的体积弹性模量和体积相对改变量，要求计算出压强改变量，考查的是压缩系数的计算方法。此外，还应注意题目中的体积弹性模量是常数，因此，$\mathrm{d}V$ 可以看作 ΔV，$\mathrm{d}p$ 也可以看作 Δp。

解：由压缩系数的计算公式：

$$\beta_p = -\frac{1}{V}\frac{\mathrm{d}V}{\mathrm{d}p}$$

得到：

$$\Delta p = -\frac{\Delta V}{V \beta_p} = -\frac{\Delta V}{V} \cdot K$$

代入已知条件：

$$K = 1.96 \times 10^9 \mathrm{N/m}^2, \frac{\Delta V}{V} = -0.01$$

得到压强改变量为：

$$\Delta p = -\frac{\Delta V}{V} \cdot K = 0.01 \times 1.96 \times 10^9 = 1.96 \times 10^7 (\mathrm{Pa})$$

【1-3】 在温度不变的情况下，容积为 $2\mathrm{m}^3$ 的液体，当压强增加一个大气压时容积减少 $0.5\mathrm{m}^3$，求该液体的体积弹性模量和体积压缩系数。

【分析】 由题目可知本题考查体积压缩系数和体积弹性模量的计算方法，虽然在公式中给出的是 $\mathrm{d}V$ 和 $\mathrm{d}p$，为微元改变量，但在计算题中，如无特殊说明，可认为体积压缩系数为常量，即 $\mathrm{d}V$ 和 $\mathrm{d}p$ 可分别替换为 ΔV 和 Δp。

解：将已知条件

$$V = 2\text{m}^3, \Delta V = -0.5\text{m}^3, \Delta p = 1.013 \times 10^5 \text{Pa}$$

代入体积压缩系数的计算公式：
$$\beta_p = -\frac{1}{V}\frac{\Delta V}{\Delta p} = -\frac{1}{2} \times \frac{-0.5}{1.013 \times 10^5} = 2.47 \times 10^{-6}(\text{Pa})$$

则体积弹性模量：
$$K = \frac{1}{\beta_p} = \frac{1}{2.47 \times 10^{-6}} = 4.05 \times 10^5(\text{Pa})$$

【1-4】 用100 L的汽油桶装相对密度为0.70的汽油。灌装时液面上的压强为0at；封闭后由于温度升高了20℃，此时汽油的蒸气压为0.18at。若汽油的体积膨胀系数为0.0006℃$^{-1}$，体积弹性模量为1.4×10^8kgf/m^2，试计算由于压强变化及温度变化而引起的体积变化量，问灌装时每桶不超过多少千克为宜。

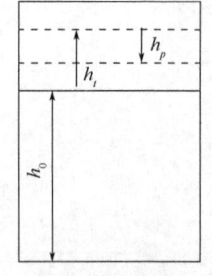

【分析】 主要考查流体的压缩性与膨胀性，此外还涉及相对密度、工程大气压、压强的应力单位kgf/m^{2}等细节问题。注：1at = 9.8×10^4Pa，1kgf/m^2 = 9.8Pa。

解：如习题1-4图所示，桶内原有汽油高度为h_0，设开始时装有汽油体积为V_0。其中由于温度升高，导致其液面高度增加了h_t，设体积膨胀量为ΔV_t；又由于其压强增加，液面高度降低了h_p，设其体积压缩量为ΔV_p。

习题1-4图

汽油密度：
$$\rho = 0.7 \times 1 \times 10^3 = 700(\text{kg/m}^3)$$

压强变化量：
$$\Delta p = (0.18 - 0) \times 9.8 \times 10^4 = 1764(\text{Pa})$$

体积弹性模量：
$$K = 1.4 \times 10^8 \times 9.8 = 1.372 \times 10^9(\text{Pa})$$

体积膨胀量：
$$\Delta V_t = \beta_t V_0 \Delta t = 0.0006 V_0 \times 20 = 0.012 V_0$$

体积压缩量：
$$\Delta V_p = -\beta_p V_0 \Delta p = -\frac{V_0 \Delta p}{K} = -\frac{V_0 \times 1764}{1.372 \times 10^9} = -1.29 \times 10^{-6} V_0$$

所以，由于压强变化及温度变化而引起的体积变化量为：
$$\Delta V = \Delta V_t + \Delta V_p = 0.012 V_0 - 1.29 \times 10^{-6} V_0 = 0.012 V_0$$

为了不因油品体积膨胀而对油桶产生压力，应控制初始汽油体积满足下式：
$$V_0 + 0.012 V_0 = 0.1(\text{m}^3)$$

解得初始汽油体积为： $V_0 = 0.0988(\text{m}^3)$

初始灌装汽油质量为： $M_0 = \rho V_0 = 700 \times 0.0988 = 69.16(\text{kg})$

【1-5】 用压缩机向气罐充气，绝对压强从0.1MPa升到0.5MPa，温度从20℃升到65℃，求空气体积缩小百分数为多少。

答案略。

【1-6】 说明动力黏度和运动黏度的定义和量纲。

答：动力黏度是反映流体黏性大小的物理量，它是由牛顿内摩擦定律引出的，只与流体的种类、温度有关，其数值等于单位速度梯度引起的黏性切应力的大小。根据动力黏度的单位为N·s/m^2，而1N等于1kg·m/s^2，即1Pa·s=1kg/(m·s)，经分析得动力黏度的量纲为：

$$\dim Q = ML^{-1}T^{-1}$$

式中,M、L 和 T 分别表示质量、长度和时间三个基本量纲。

运动黏度与动力黏度类似,也是表示流体黏性大小的物理量。它等于动力黏度除以流体密度。根据动力黏度与密度的量纲可以得到运动黏度的量纲为:

$$\dim \nu = \frac{ML^{-1}T^{-1}}{ML^{-3}} = L^2 T^{-1}$$

【1-7】 某种油品的密度为 850kg/m³,运动黏度为 3.40×10^{-6} m²/s,求该油品的动力黏度。

【分析】 考查动力黏度与运动黏度之间的关系。

解:由运动黏度的定义式得

$$\mu = \nu \rho = 3.40 \times 10^{-6} \times 850 = 2.89 \times 10^{-3} (\text{Pa} \cdot \text{s})$$

【1-8】 设有黏度 $\mu = 0.05$ Pa·s 的流体沿壁面流动,如习题 1-8 图所示,其速度分布为抛物线型,抛物线顶点为 A 点,坐标原点为 O,$y_1 = 0.06$mm,$u_{max} = 1.20$m/s,求 $y = 0.02$m、$y = 0.04$m、$y = 0.06$m 时各点处的切应力。

【分析】 此题考查牛顿内摩擦定律,关键是求出抛物线方程,计算速度梯度。

解:设速度 u 关于坐标 y 的函数 $u = u(y)$ 抛物线方程为:

$$u(y) = ay^2 + by + c$$

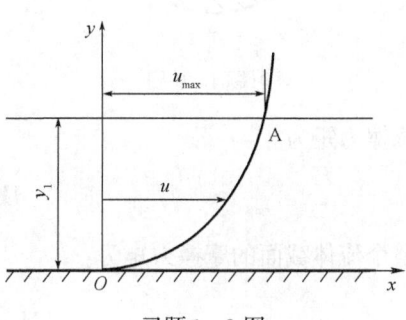

根据已知条件可以得到三个关于 u 与 y 之间的关系:

$$y = 0, u = 0$$
$$y = 0.06, u_{max} = 1.2$$

顶点在 A 点:

$$-\frac{b}{2a} = y_1 = 0.06$$

习题 1-8 图

将上面三个已知条件代入抛物线方程可以得到:

$$u(y) = ay^2 + by = -\frac{1000}{3}y^2 + 40y$$

速度梯度:

$$\frac{du}{dy} = -\frac{2000}{3}y + 40$$

代入牛顿内摩擦定律得切应力计算式为:

$$\tau = \mu \frac{du}{dy} = -\frac{100}{3}y + 2$$

将 $y = 0.02$、$y = 0.04$、$y = 0.06$ 分别代入上式得各点处的切应力分别为:

$$y = 0.02\text{m}, \tau = 1.33\text{Pa}$$
$$y = 0.04\text{m}, \tau = 0.67\text{Pa}$$
$$y = 0.06\text{m}, \tau = 0\text{Pa}$$

【1-9】 如习题 1-9 图所示,上下两平行圆盘的直径均为 d,圆盘面之间的距离为 δ,其中充满了黏度为 μ 的油品,若下盘不动,上盘以角速度 ω 旋转,求其所需力矩 M。

【分析】 考查牛顿内摩擦定律,应注意流体各部分之间的相对运动。

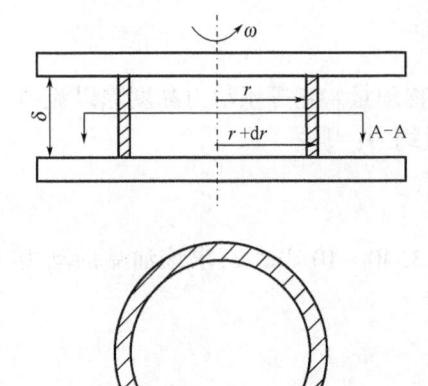

解:如图所示,上方圆盘以固定角速度旋转时,上层流体带动下层流体旋转,速度在垂直方向的分布可近似看作是线性的。取微小圆筒,其内径为r,厚度为dr。

圆筒壁与上方圆盘交点速度为: $u_1 = \omega \cdot r$

圆筒壁与下方圆盘交点速度为: $u_2 = 0$

沿该圆筒高度方向的速度梯度为:

$$\frac{du}{dy} = \frac{u_1 - u_2}{\delta} = \frac{\omega \cdot r}{\delta}$$

微小圆筒的截面积为: $dA = 2\pi r dr$

由牛顿内摩擦定律可知该微小圆筒的上、下层流体之间的摩擦力为:

$$dF = \mu dA \frac{du}{dy} = \mu 2\pi r dr \frac{\omega \cdot r}{\delta} = \frac{2\pi\mu\omega}{\delta} r^2 dr$$

习题1-9图

摩擦力矩为:

$$dM = dF \cdot r = \frac{2\pi\mu\omega}{\delta} r^3 dr$$

整个流体截面的摩擦力矩为:

$$M = \int_0^{\frac{d}{2}} \frac{2\pi\mu\omega}{\delta} r^3 dr = \frac{\pi\mu\omega d^4}{32\delta}$$

即转动上方圆盘所需力矩为:

$$M = \frac{\pi\mu\omega d^4}{32\delta}$$

【1-10】 直径$d = 0.05$m的轴在轴承中旋转,转速$n = 50$r/s,轴与轴套同心,径向间隙为0.00005m,轴套长0.07m,测得摩擦力矩为1.20N·m,试确定轴与轴套间润滑油的黏度。

【分析】 考查牛顿内摩擦定律,但应注意与习题1-9的区别,习题1-9中转动的动力来源于上方圆盘,速度梯度出现在上下层流体之间。本题流体转动的动力来源于中心轴,速度梯度出现在内外层流体之间(径向),如习题1-10图所示。

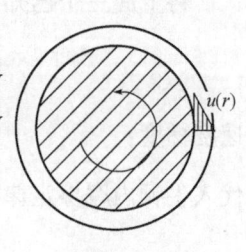

解:速度梯度为:

$$\frac{du}{dr} = \frac{\pi d n - 0}{\delta} = \frac{\pi \times 0.05 \times 50}{0.00005} = 1.57 \times 10^5 (\text{s}^{-1})$$

接触面积近似为:

$$A = \pi d l = \pi \times 0.05 \times 0.07 = 0.011 (\text{m}^2)$$

习题1-10图

轴承与轴承套之间的摩擦力为:

$$F = \mu A \frac{du}{dr}$$

摩擦力矩为:

$$M = \mu A \frac{du}{dr} \cdot r$$

结合已知条件得：
$$\mu \times 0.011 \times 1.57 \times 10^5 \times \frac{0.05}{2} = 1.20$$

由上式解得润滑油的黏度为： $\mu = 0.0278 \text{Pa} \cdot \text{s}$

【1-11】 如习题1-11图所示，一活塞油缸，其直径为0.20m，活塞直径为0.1996m，活塞长度为0.15m，油的运动黏度为0.65St，当活塞运动速度为0.8m/s时，所用的拉力 F 为多少？（油品密度为850kg/m³）

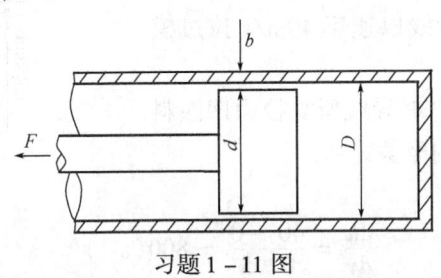

习题1-11图

【分析】 考查牛顿内摩擦定律，动力来源于活塞运动，速度梯度产生在半径方向。

解： 速度梯度：
$$\frac{\mathrm{d}u}{\mathrm{d}r} = \frac{0.8-0}{\frac{0.2-0.1996}{2}} = 4000(\text{s}^{-1})$$

活塞侧面积：
$$A = \pi d L = \pi \times 0.1996 \times 0.15 = 0.094(\text{m}^2)$$

润滑油的内摩擦力为：
$$F = \mu A \frac{\mathrm{d}u}{\mathrm{d}r} = 0.65 \times 10^{-4} \times 850 \times 0.094 \times 4000 = 20.774(\text{N})$$

根据活塞受力平衡，可知拉力 F 为20.774 N。

【1-12】 有一底面面积为0.6m×0.6m的平板如习题1-12图所示，质量为5kg，沿一与水平面成20°的斜面下滑，平板与斜面之间的油层厚度0.0006m，若下滑速度0.84m/s，求油的动力黏度 μ。

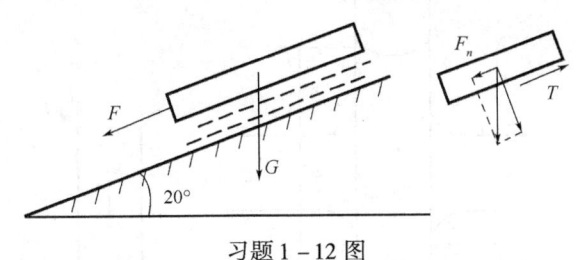

习题1-12图

【分析】 平板匀速下滑，重力沿斜面分量与摩擦力平衡。

解： 平板所受重力沿斜面的分量为：
$$F_n = mg\sin\theta = 5 \times 9.8 \times \sin 20° = 16.76(\text{N})$$

速度梯度：
$$\frac{\mathrm{d}u}{\mathrm{d}y} = \frac{0.84-0}{0.0006} = 1400(\text{s}^{-1})$$

根据牛顿内摩擦定律得平板与斜面之间的摩擦力为：

$$T = \mu A \frac{\mathrm{d}u}{\mathrm{d}y} = \mu \times 0.6 \times 0.6 \times 1400 = 504\mu$$

由于平板受力平衡,所以有: $F_n = T$

解得油的动力黏度为: $\mu = 0.33\mathrm{Pa} \cdot \mathrm{s}$

【1-13】 如习题1-13图所示,为使导线表面绝缘,将导线从充满绝缘涂料的模具中拉过。已知导线直径为0.0012m,与绝缘涂料接触长度0.2m,涂料的黏度$\mu=0.02\mathrm{Pa}\cdot\mathrm{s}$。若导线以速率40m/s拉过模具,试求所需拉力。

【分析】 由受力分析可知,导线所需拉力即涂料的内摩擦力,此题考查牛顿内摩擦定律。

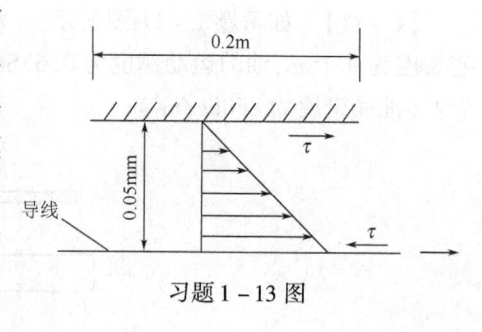

解:速度梯度

$$\frac{\mathrm{d}u}{\mathrm{d}y} = \frac{40 - 0}{0.05} = 800(\mathrm{s}^{-1})$$

导线与涂料接触面积为:

$$A = \pi dl = \pi \times 0.0012 \times 0.2 = 0.000754(\mathrm{m}^2)$$

根据牛顿内摩擦定律,涂料内摩擦力为:

$$T = \mu A \frac{\mathrm{d}u}{\mathrm{d}y} = 0.02 \times 0.000754 \times 800 = 0.012(\mathrm{N})$$

【1-14】 如习题1-14(a)图所示,为了防止水银蒸发,在水银槽中放一层水,用一根直径为6mm的玻璃管插入后,又向玻璃管中加一点水。已知$h_1 = 30.5\mathrm{mm}$,$h_2 = 3.6\mathrm{mm}$,水银的相对密度为13.6,空气与水的表面张力系数为0.073N/s,水和玻璃的接触角为9°,假定水银、水与玻璃管的接触角为140°,求水与水银表面张力系数为多少?

【分析】 此题考查受力平衡与张力的计算,解题关键是选择合适的研究对象进行受力分析,并列出平衡方程。

解:设玻璃管直径为d,玻璃管外部水层厚度为h_3,玻璃管内部水银面距玻璃管底端距离为h_4,如习题1-14(a)图所示。设水和水银密度分别为ρ_1、ρ_2。

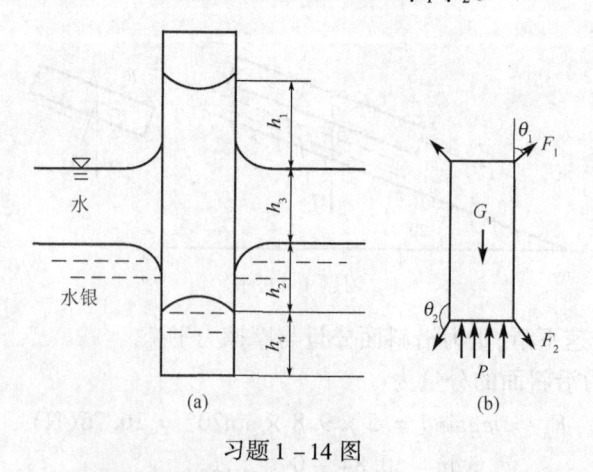

习题1-14图

以管内的水柱为研究对象进行受力分析,它在四个力的作用下平衡,分别为水的表面张力F_1、水的重力G_1、水—水银的表面张力F_2和外部液体(来自水银层和水层)的压力P,如习题 1-14(b)图所示。

水的表面张力：
$$F_1 = \pi d \sigma_1$$

水的重力：
$$G_1 = \frac{\pi d^2}{4}(h_1 + h_2 + h_3)\rho_1 g$$

水—水银的表面张力：
$$F_2 = \pi d \sigma_2$$

外部液体压力为：
$$P = \frac{\pi d^2}{4}(\rho_1 g h_3 + \rho_2 g h_2)$$

受力平衡方程为：
$$F_1 \cos\theta_1 + P = G_1 + F_2 \cos(\pi - \theta_2)$$

即：
$$\pi d \sigma_1 \cos\theta_1 + \frac{\pi d^2}{4}(\rho_1 g h_3 + \rho_2 g h_2) = \frac{\pi d^2}{4}(h_1 + h_2 + h_3)\rho_1 g + \pi d \sigma_2 \cos(\pi - \theta_2)$$

解得水与水银的表面张力系数为：
$$\sigma_2 = \frac{4\sigma_1 \cos\theta_1 + d(\rho_2 - \rho_1)g h_2 - d\rho_1 g h_1}{-4\cos\theta_2}$$

$$= \frac{4 \times 0.073 \times \cos 9° + 0.006 \times (13600 - 1000) \times 9.8 \times 0.0036 - 0.006 \times 1000 \times 9.8 \times 0.0305}{-4 \times \cos 140°}$$

$$= 0.379 (\text{N/m})$$

第二章 流体静力学

第一节 重点与难点解析

1. 绝对静止与相对静止

绝对静止指整个流体空间以地球为参考系时没有相对运动。相对静止指流体对人为选定的参考系没有相对运动。无论是绝对静止还是相对静止，流体质点之间都没有相对运动，因此不产生切应力，即流体的黏性不表现出来。

本章研究内容对处于静止状态的流体成立，无论是实际流体还是理想流体。

2. 静止流体内部压强的两个重要特性

(1) 流体静压强方向沿着作用面的内法线方向，即垂直指向作用面。

(2) 静止流体中任意一点的静压强与作用面方位无关，即在静止流体中的任意点上，受到来自各个方向的静压强大小均相等。

性质(1)是从流体对作用面的压力方向考虑的，说明了静止流体对作用面的压力方向是垂直指向作用面的；性质(2)是从静止流体内压强方向本身来考虑的，指出了压强本身没有固定方向，而只有当压强与作用面相互作用时才有了具体的方向[即性质(1)]，两者并不矛盾。

3. 绝对压强、相对压强和真空度

绝对压强是以绝对真空为基准来计算的压强。

相对压强又称表压力，是以大气压为基准计量的压强。工程中，大多数压力仪表测得的压强都是相对压强。绝对压强 $p_{绝}$ 与相对压强 $p_{相}$ 相差一个大气压，即：

$$p_{相} = p_{绝} - p_a$$

当绝对压强小于大气压时，相对压强为负值，称此时产生了真空压强或真空度 $p_{真}$。真空度的大小等于此时相对压强的绝对值，即：

$$p_{真} = p_a - p_{绝}$$

4. 压强的度量单位

在国际单位制中，压强的单位是 Pa(N/m²)。但在工程和生活中还经常使用其他单位来

表示压强的大小,主要有以下几种:

标准大气压用符号 atm 表示,一个标准大气压为 $1.013 \times 10^5 \text{N/m}^2$;

工程大气压用符号 at 表示,一个工程大气压为 $9.8 \times 10^4 \text{N/m}^2$,$1 \text{kgf/cm}^2 = 1 \text{at}$;

汞柱高度用符号 mHg 表示,$1 \text{at} = 0.735 \text{mHg}$;

水柱高度用符号 mH_2O 表示,$1 \text{at} = 10 \text{mH}_2\text{O}$。

5. 静力学平衡微分方程及其积分式

静力学平衡微分方程的表达式为:

$$\left.\begin{array}{l} f_x - \dfrac{1}{\rho} \dfrac{\partial p}{\partial x} = 0 \\[6pt] f_y - \dfrac{1}{\rho} \dfrac{\partial p}{\partial y} = 0 \\[6pt] f_z - \dfrac{1}{\rho} \dfrac{\partial p}{\partial z} = 0 \end{array}\right\}$$

其中,f_x、f_y、f_z 分别表示 x、y、z 三个方向的单位质量力。

上式也可以写成:

$$dp = \rho(f_x dx + f_y dy + f_z dz)$$

对静力学平衡微分方程进行积分得到:

$$p = \rho U + C$$

其中,U 为势函数,由作用在流体上的质量力决定,如下式:

$$\left.\begin{array}{l} f_x - \dfrac{\partial U}{\partial x} = 0 \\[6pt] f_y - \dfrac{\partial U}{\partial y} = 0 \\[6pt] f_z - \dfrac{\partial U}{\partial z} = 0 \end{array}\right\}$$

6. 静力学基本方程

当流体只受重力作用而处于平衡状态时,由静力学平衡微分方程的积分式可以推导出重力作用下流体内部的压强分布公式,即静力学基本方程:

$$\frac{p_A}{\rho g} + z_A = \frac{p_B}{\rho g} + z_B$$

或

$$p = p_0 + \rho g h$$

式中 p_0——通常为液面处的压强,但也可以代表液体内任意已知点的压强;

h——所求点距离液面或已知点的垂直深度。

由静力学基本方程可以得出一个重要结论:相连通的同种连续静止流体的水平面为等压面。

7. 静力学基本方程的意义

(1) 几何意义。

由静力学基本方程可以看出,连续静止流体内部各点的 $\frac{p}{\rho g}$ 与 z 之和为一常数。在流体力学中将 $\frac{p}{\rho g}$ 称为压强水头,将 z 称为位置水头,压强水头与位置水头之和称为总水头(或测压管水头)。所以静力学基本方程的几何意义为:连续静止流体内部的测压管水头为一常数。

(2) 物理意义。

从物理学角度讲,$\frac{p}{\rho g}$ 表示单位重量流体所具有的压强势能,即比压能。z 表示单位重量流体的重力势能,即比势能。所以静力学基本方程的物理意义表示为:连续静止流体内部各点的总势能不变。

8. 等压面及其性质

在同一种连续的静止流体中,静压强相等的点组成的面称为等压面。

等压面的性质:

(1) 等压面就是等势面;

(2) 作用在静止流体中的任一点的质量力与通过该点的等压面垂直。

9. 惯性力

惯性力是指当物体有加速度时,物体具有的惯性会使物体有保持原有运动状态的倾向,产生的后果与有力作用在物体上相同。这个力是为分析问题方便而假定的虚拟力,其方向与加速度方向相反,称为惯性力。

10. 相对静止状态下流体的平衡

物体在相对静止状态下平衡时,除受重力作用外,还受惯性力的作用。分析此类问题时,应根据实际条件,找到惯性力的各方向分量,并与重力分量矢量叠加后,代入静力学平衡微分方程的积分式,最后根据边界条件确定积分常数 C。

11. 静止流体作用在平面上的总压力

作用力大小:
$$P = p_C A$$

式中 p_C——平面形心处的压强,Pa;

A——平面面积,m²。

作用点:
$$y_D = y_C + \frac{J_C}{y_C A}$$

式中 y_D——压力作用点距 Ox 坐标轴距离;

y_C——平面形心距 Ox 坐标轴距离;

J_C——平面面积 A 对形心的惯性矩。

作用力方向:垂直指向平面(即沿作用面内法线方向)。

在应用上面结论时应注意:

(1) 由于实际问题中壁面两侧均有大气压力,所以可不考虑大气压力,即 p_C 一般指相对压强。

(2)在推导公式时,设定平面的延伸面与自由液面的交线为 Ox 坐标,所以在解决问题过程中,也应将 Ox 轴设在自由液面处,y_D、y_C 均是相对于 Ox 轴的。若液面压强不是大气压,则应将其转化为液体高度,即找到自由液面(如习题2-22)。

(3)计算 J_C 时,应按照图形本身的惯性矩公式计算,对于一定的图形其面积对形心的惯性矩是固定的,即 J_C 为常数。

(4)应用积分法求解压力作用点十分方便(如习题2-22方法二)。

12. 合力矩定理

平面力系中,各分力对某一轴的力矩的矢量和等于合力对这一轴的力矩。

当同一平面受多个压力作用时,可应用合力矩定理求得总压力作用点。

13. 静止流体作用在曲面上的总压力

水平分力 P_x:等于曲面在垂直方向的投影 A_x 所受的总压力,计算方法与静止流体作用在平面上的总压力相同,即:

$$P_x = \rho g h_C A_x$$

垂直分力 P_z:等于压力体内流体的重量,即:

$$P_z = \rho g V$$

总压力大小:

$$P = \sqrt{P_x^2 + P_z^2}$$

总压力方向:

$$\tan\theta = \frac{P_x}{P_z}$$

式中 θ——总压力作用线与垂直方向夹角。

总压力作用点:可通过以下步骤求出。

(1)求出曲面在水平方向的投影 A_x 的压力中心位置,过压力中心画水平压力线;

(2)求出压力体重心位置,过重心画垂直压力线;

(3)过步骤(1)和(2)做出的两条线的交点画一条直线,使该直线与垂直方向夹角为 θ,该直线与曲面交点即为总压力作用点。

注意:在计算 P_x 的公式中,压强项 $\rho g h_C$ 为相对压强,这是因为液面上的大气压强和曲面外的大气压强往往是相互抵消的。但若液面上的压强不是大气压,而比大气压大 p_0 时,即相对压强为 p_0,则应按下式计算 P_x:

$$P_x = (p_0 + \rho g h_C) A_x$$

相应地,这部分相对压强在垂直方向也会引起附加压力,其大小等于该压强乘以曲面沿垂直方向的投影面积,即垂直分力变为:

$$P_z = P_0 A_z + \rho g V$$

第二节 典型例题精讲

【例2-1】 如例2-1图所示容器,上层为空气,中层为 $\rho = 800\text{kg/m}^3$ 的石油,下层为 $\rho = 1220\text{kg/m}^3$ 的甘油。试求:当测压管中的甘油表面高程为9.14m时压力表的读数。

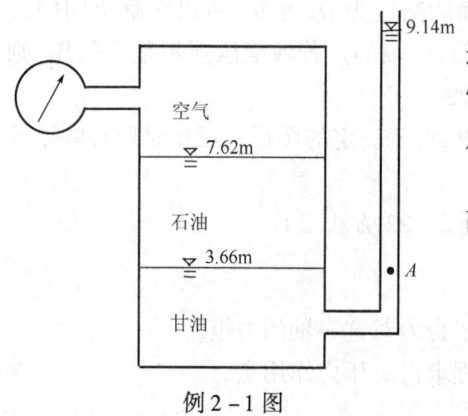

【分析】 由静力学基本方程可以得出结论:相连通的同种连续静止流体的水平面为等压面。通过该性质可以算出甘油与石油交界面的静压强,进一步应用静力学方程可以得到容器上层空气的压强。

【解】:在测压管中取点 A 与甘油/石油交界面等高,则 A 点与甘油/石油交界面的压强相等。

$$p_{z=3.66} = p_A = 1220 \times 9.8 \times (9.14 - 3.66)$$
$$= 65519(\text{Pa})$$
$$p_{z=7.62} = p_{z=3.66} - 800 \times 9.8 \times (7.62 - 3.66)$$
$$= 34473(\text{Pa})$$

压力表的读数等于石油液面的压强,即34473Pa。

例2-1图

【提示】 在计算 A 点压强时,未将大气压计算在内,因此 A 点压强为表压,这间接导致计算得到的石油液面的压强也为表压,即压力表的读数。

【例2-2】 如例2-2图所示复式水银测压计,测压管中各液面标高为 $\nabla_1 = 1.5\text{m}$, $\nabla_2 = 0.2\text{m}$, $\nabla_3 = 1.2\text{m}$, $\nabla_4 = 0.4\text{m}$, $\nabla_5 = 1.4\text{m}$。已知水的密度 $\rho = 1000\text{kg/m}^3$,水银密度 $\rho' = 13600\text{kg/m}^3$,求封闭容器内液面压强 P_5。

【分析】 静力学基本方程指出相连通的同种连续静止流体的水平面为等压面,通过该性质可得出图中 ∇_2、∇_3 所标记的水平面压强相同。图中两段水银被空气隔开,空气段内部的压强可认为是处处相等的。

【解】:∇_2 处的表压强为:

$$p_2 = p_1 + \rho_{\text{Hg}}g(\nabla_1 - \nabla_2)$$
$$= \rho_{\text{Hg}}g(\nabla_1 - \nabla_2)$$

∇_3 处的表压强与 ∇_2 处相同,∇_4 处的表压强为:

$$p_4 = p_3 + \rho_{\text{Hg}}g(\nabla_3 - \nabla_4) = \rho_{\text{Hg}}g(\nabla_1 - \nabla_2 + \nabla_3 - \nabla_4)$$

封闭容器内的液面压强为:

$$p_5 = p_4 - \rho_{\text{H}_2\text{O}}g(\nabla_5 - \nabla_4)$$
$$= \rho_{\text{Hg}}g(\nabla_1 - \nabla_2 + \nabla_3 - \nabla_4) - \rho_{\text{H}_2\text{O}}g(\nabla_5 - \nabla_4)$$
$$= 13600 \times 9.8 \times (1.5 - 0.2 + 1.2 - 0.4) - 1000 \times 9.8 \times (1.4 - 0.4)$$
$$= 2.7 \times 10^5 (\text{Pa})$$

例2-2图

【提示】 因为计算 p_2 时将 p_1 视为0,所以最终计算结果为表压。

【例2-3】 如例2-3图所示,一垂直放置的圆形平板闸门,已知闸门半径 R 为1m,形心在水下的淹没深度 h_c 为8m,求作用于闸门上静水总压力 F_P 的大小及作用点 D 的位置。

【分析】 考查作用在平面上的静压力大小以及压力作用点。静压力的大小等于形心处的压强乘以面积,其作用点与形心位置、面积和惯性矩有关,可根据公式求解。

【解】:形心处压强大小为:

$$P_C = \rho g h_C = 1000 \times 9.8 \times 8 = 78400(\text{Pa})$$

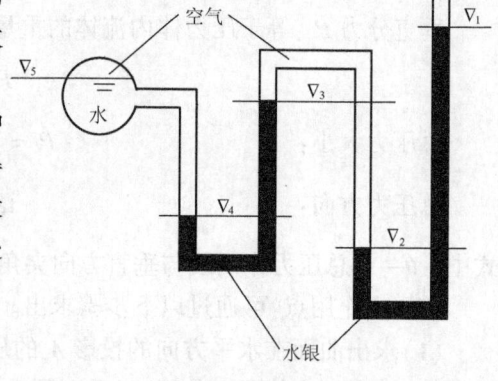

— 18 —

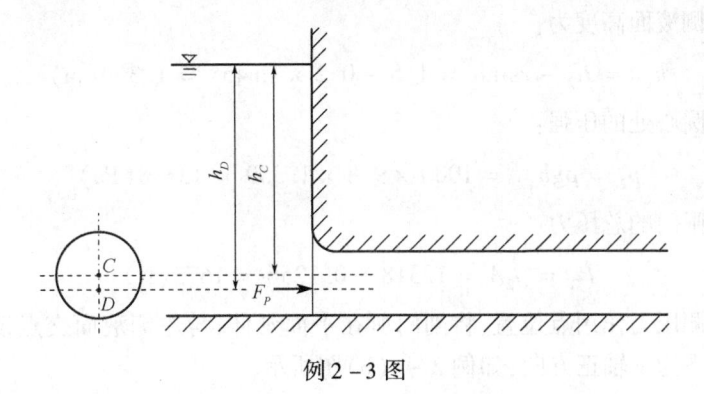

例 2-3 图

静水总压力大小为：
$$F_P = P_C A = 78400 \times \pi \times 1^2 = 246176(\text{N})$$

圆的惯性矩为：
$$J_C = \frac{\pi D^4}{64} = \frac{3.14 \times 2^4}{64} = 0.785(\text{m}^4)$$

总压力作用点 D 距水面的高度为：
$$h_D = h_C + \frac{J_C}{h_C A} = 8 + \frac{0.785}{8 \times \pi \times 1^2} = 8.03(\text{m})$$

【例 2-4】 如例 2-4(a)图所示，圆形闸门的半径 $r = 0.2\text{m}$，倾角 $\alpha = 45°$，上端为铰轴，已知 $H_1 = 5\text{m}$，$H_2 = 1.5\text{m}$，不计闸门自重，求开启闸门所需的提升力 T。

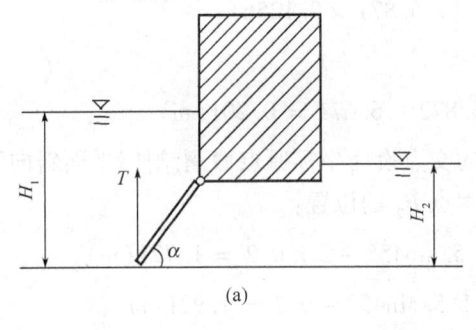

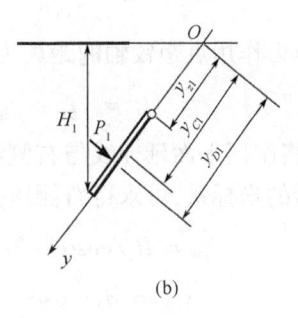

例 2-4 图

【分析】 对闸门进行受力分析，除了铰轴的作用力外，闸门还受到拉力 T、左侧液体压力 P_1 和右侧液体压力 P_2 的作用，在这三个力产生的力矩作用下，闸门可以绕铰轴旋转，而刚好开启闸门时，这三个力的合力矩等于 0。

解：圆形闸门面积为
$$A = \pi r^2 = 3.14 \times 0.2^2 = 0.1256(\text{m}^2)$$

圆心距离左侧液面高度为：
$$h_{C1} = H_1 - r\sin\alpha = 5 - 0.2 \times \sin45° = 4.859(\text{m})$$

左侧液体在圆心处的压强：
$$p_1 = \rho g h_{C1} = 1000 \times 9.8 \times 4.859 = 47618(\text{Pa})$$

左侧液体对闸门的总压力：
$$P_1 = p_1 A = 47618 \times 0.1256 = 5981(\text{N})$$

— 19 —

圆心距离右侧液面高度为：
$$h_{C2} = H_2 - r\sin\alpha = 1.5 - 0.2 \times \sin45° = 1.359(\text{m})$$
右侧液体在圆心处的压强：
$$p_2 = \rho g h_{C2} = 1000 \times 9.8 \times 1.359 = 13318(\text{Pa})$$
右侧液体对闸门的总压力：
$$P_2 = p_2 A = 13318 \times 0.1256 = 1673(\text{N})$$

下面计算左侧压力作用点位置，将闸门所在平面延伸，与左侧液面交点设为坐标原点 O，沿闸门平面斜向下为 y 轴正方向，如例 2-4(b) 图所示。

铰轴 y 坐标为：
$$y_{z1} = H_1/\cos\alpha - 2r = 5/\sin45° - 2 \times 0.2 = 6.671(\text{m})$$
闸门圆心 y 坐标为：
$$y_{C1} = H_1/\cos\alpha - r = 5/\sin45° - 0.2 = 6.871(\text{m})$$
闸门的惯性矩为：
$$J_C = \frac{\pi D^4}{64} = \frac{\pi \times 0.4^4}{64} = 1.256 \times 10^{-3}(\text{m}^4)$$
左侧压力作用点 P_1 坐标为：
$$y_{D1} = y_{C1} + \frac{J_C}{y_{C1} A} = 6.871 + \frac{1.256 \times 10^{-3}}{6.871 \times 0.1256} = 6.872(\text{m})$$
左侧压力作用点距铰轴的距离为：
$$l_1 = y_{D1} - y_{z1} = 6.872 - 6.671 = 0.201(\text{m})$$

同理，将闸门平面延伸线与右侧液面的交点设为坐标原点 O，沿闸门平面斜向下为 y 轴正方向建立新的坐标系，可求得右侧压力作用点 P_2 的位置：
$$y_{z2} = H_2/\cos\alpha - 2r = 1.5/\sin45° - 2 \times 0.2 = 1.721(\text{m})$$
$$y_{C2} = H_2/\cos\alpha - r = 1.5/\sin45° - 0.2 = 1.921(\text{m})$$
$$y_{D2} = y_{C2} + \frac{J_C}{y_{C2} A} = 1.921 + \frac{1.256 \times 10^{-3}}{1.921 \times 0.1256} = 1.926(\text{m})$$
右侧压力作用点距铰轴的距离为：
$$l_2 = y_{D2} - y_{z2} = 1.926 - 1.721 = 0.205(\text{m})$$
拉力 T 的力臂 l_3 为：
$$l_3 = 2r\sin\alpha = 2 \times 0.2 \times \sin45° = 0.283(\text{m})$$
设顺时针力矩为负值，逆时针力矩为正值，令合力矩等于0，则有：
$$-Tl_3 + P_1 l_1 - P_2 l_2 = 0$$
解得开启闸门所需的提升力 T 为：
$$T = \frac{P_1 l_1 - P_2 l_2}{l_3} = \frac{5981 \times 0.201 - 1673 \times 0.205}{0.283} = 3036(\text{N})$$

【例 2-5】［西南石油大学 2011 年考研试题］ 如例 2-5(a)图所示,一圆柱形容器直径 $D=1.2\text{m}$,完全充满水,在盖板上 $r=0.45\text{m}$ 处开一小孔,当此容器绕其主轴以 60r/min 的速度旋转时,测得敞开测压管中的水位高 $a=0.6\text{m}$,试计算上部螺栓的总张力为多少?

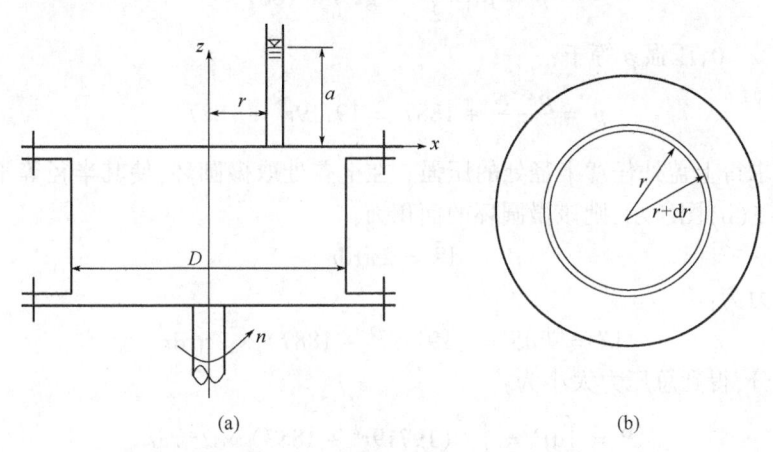

例 2-5 图

【分析】 容器上盖板受内部流体向上的压力和螺栓向下的张力共同作用保持平衡,因此计算上部螺栓的总张力即求内部流体对上盖的总压力大小,这需要首先求出流体的压强分布规律。此题考查静力学平衡微分方程的应用以及相对静止状态下流体的平衡,关键在于找到惯性力在各个方向的分量。

解:圆柱形容器旋转角速度为:
$$\omega = 60\text{r} \times 2\pi/60\text{min} = 2\pi \text{rad/min}$$

旋转时的角加速度为:
$$a_r = \omega^2 r$$

角加速度沿 x 轴、y 轴的分量为:
$$a_x = \omega^2 r\cos\theta = -\omega^2 x$$
$$a_y = \omega^2 r\sin\theta = -\omega^2 y$$

式中 θ——角加速度与 x 轴的夹角。

流体在其空间内任意点 (x,y,z) 处的质量力分量为:
$$f_x = \omega^2 x, \quad f_y = \omega^2 y, \quad f_z = -g$$

代入静力学平衡微分方程得:
$$dp = \rho(f_x dx + f_y dy + f_z dz) = \rho(\omega^2 x dx + \omega^2 y dy - g dz)$$

积分得:
$$p = \rho\left(\omega^2 \frac{x^2}{2} + \omega^2 \frac{y^2}{2} - gz\right) + C = \rho\left(\frac{\omega^2 r^2}{2} - gz\right) + C$$

该式给出了液体内部任一点的压强分布,但积分常数需要根据已知条件进一步求得。对于测压管底部,$r=0.45\text{m}$,$z=0$,
$$p_{0.45} = \rho g a = 1000 \times 9.8 \times 0.6 = 5880(\text{Pa})$$

将上述数据代入压强分布式得到:
$$5880 = 1000 \times \left[\frac{(2\pi)^2 \times 0.45^2}{2} - 9.8 \times 0\right] + C$$

解得：
$$C = 1887\text{Pa}$$

压强分布为：
$$p = \rho\left(\frac{\omega^2 r^2}{2} - gz\right) + 1887$$

对于上方液面，$z=0$，压强 p 等于：
$$p = \frac{\rho\omega^2 r^2}{2} + 1887 = 19719 r^2 + 1887$$

根据上式可以求得上盖处任意半径处的压强。在上盖处取微圆环，使其半径等于任意 r，宽度为 $\mathrm{d}r$，如例 2-5(b)图所示，则该微圆环的面积为：
$$\mathrm{d}S = 2\pi r \mathrm{d}r$$

该圆环所受压力为：
$$\mathrm{d}P = P\mathrm{d}S = (19719 r^2 + 1887) \times 2\pi r \mathrm{d}r$$

对上式进行积分，得到总压力大小为：
$$P = \int \mathrm{d}P = \int_0^{0.6} (19719 r^2 + 1887) \times 2\pi r \mathrm{d}r$$
$$= 30959 r^4 + 5925 r^2 \big|_0^{0.6} = 6145(\text{N})$$

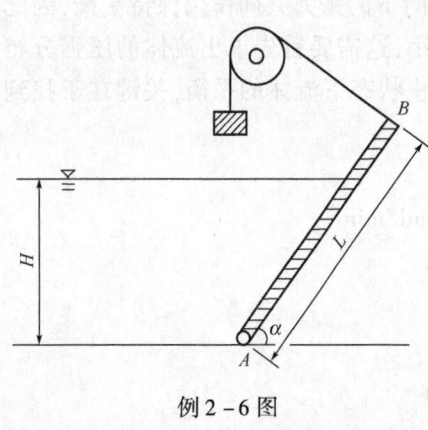

【例 2-6】［东南大学 2002 年考研试题］ 如例 2-6 图所示，一矩形平面闸门 AB，利用平衡锤使闸门关闭。已知：门高 $L = 4.0\text{m}$，门宽 $b = 3.0\text{m}$，闸门关闭时的倾角 $\alpha = 60°$，平衡锤重 $m = 4.5\text{t}$，若不计闸门自重及门轴、滑轮的摩擦力，试求闸门开始自动倾倒时的上游水深 H（滑轮牵引绳与闸门成 90°角）。

【分析】 闸门可以绕铰轴旋转，平衡锤对其有一个逆时针方向的力矩，而静水压力的力矩方向为顺时针，当这两个力矩的合力矩为 0 时，闸门刚好处于平衡状态。相较于这个平衡状态，当液面高度再增加时，便产生了顺时针的合力矩，闸门将自动开启。

例 2-6 图

解：设逆时针力矩为正，则平衡锤对闸门的力矩为：
$$M_1 = mgL = 4.5 \times 10^3 \times 9.8 \times 4 = 176400(\text{N}\cdot\text{m})$$

闸门浸没在水下部分中心处的压强为：
$$p = \rho g \frac{H}{2}$$

闸门浸没在水下部分的面积为：
$$A = \frac{H}{\sin\alpha} b$$

闸门所受总静水压力为：
$$P = pA = \frac{\rho g b H^2}{2\sin\alpha}$$

闸门浸没在水下部分的中心距水面与闸门交线的长度为：
$$y_C = \frac{1}{2} \times \frac{H}{\sin\alpha} = \frac{H}{2\sin\alpha}$$

总静水压力作用点距水面与闸门交线的长度为：

$$y_D = y_C + \frac{J_C}{y_C A} = \frac{H}{2\sin\alpha} + \frac{\frac{b}{12} \times \left(\frac{H}{\sin\alpha}\right)^3}{\frac{H}{2\sin\alpha} \times \frac{H}{\sin\alpha} b} = \frac{2H}{3\sin\alpha}$$

总静水压力作用点与铰轴的距离为：

$$l_2 = \frac{H}{\sin\alpha} - y_D = \frac{H}{\sin\alpha} - \frac{2H}{3\sin\alpha} = \frac{H}{3\sin\alpha}$$

总静水压力对闸门的力矩为：

$$M_2 = -Pl_2 = -\frac{\rho g b H^2}{2\sin\alpha} \times \frac{H}{3\sin\alpha} = -\frac{\rho g b H^3}{6\sin^2\alpha}$$

令合力矩等于 0，即 $M_1 + M_2 = 0$，得到

$$176400 - \frac{\rho g b H^3}{6\sin^2\alpha} = 0$$

代入数值后，解得：$H = 3.0\text{m}$

【例 2-7】 如例 2-7(a)图所示，一储水容器的器壁上有两个半球形盖，设 $d = 0.5\text{m}$，$h = 2\text{m}$，$H = 2.5\text{m}$。试分别求出作用在两个球盖上的液体总压力。

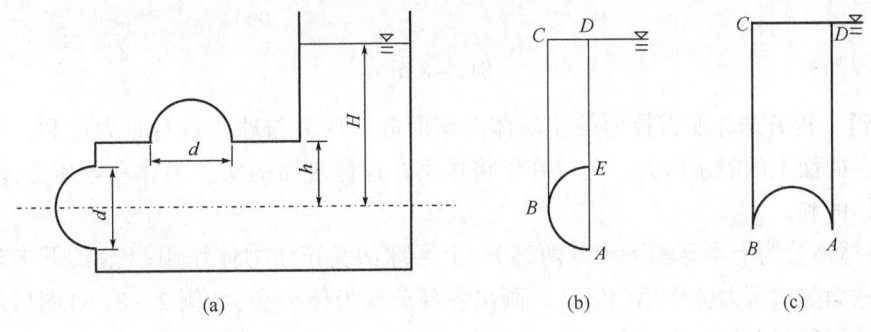

例 2-7 图

【分析】 考查作用在曲面上的静水压力。对于水平方向上的分力，首先计算出水平投影形状中心的压强，然后乘以水平投影面积即可。对于垂直方向上的分力，需要借助压力体进行求解。

解：对于左侧的球盖，其受静水压力在水平方向的分力为：

$$P_{1x} = \rho g H \times \frac{\pi d^2}{4} = 1000 \times 9.8 \times 2.5 \times \frac{\pi \times 0.5^2}{4} = 4808(\text{N})$$

如例 2-7(b)图所示，左侧球盖的上半部分受虚压力体作用(BEDC)，下半部分受实压力体作用(ABCDA)，两个压力体的体积差值正好等于半球体积，因此该球盖的垂直压力为：

$$P_{1y} = \rho g V_{ABE} = 1000 \times 9.8 \times \frac{2}{3} \times \pi \times \left(\frac{0.5}{2}\right)^3 = 320.7(\text{N})$$

作用在左侧球盖上的液体总压力等于：

$$P_1 = \sqrt{P_{1x}^2 + P_{1y}^2} = \sqrt{4808^2 + 320.7^2} = 4060.68(\text{N})$$

由于上方球盖在水平方向上具有对称性，因此其静水压力的水平分量等于 0，即 $P_{2x} = 0\text{N}$。其静水压力的垂直分量等于虚压力体 ABCD 的重量，如例 2-7(c)图所示，压力作用方向垂直向上。

$$P_{2y} = \rho g V_{ABCD} = \rho g \left[\frac{\pi d^2}{4}(H-h) - \frac{2\pi}{3}\left(\frac{d}{2}\right)^3 \right]$$

$$= 1000 \times 9.8 \times \left[\frac{\pi \times 0.5^2}{4} \times (2.5-2) - \frac{2\pi}{3} \times \left(\frac{0.5}{2}\right)^3 \right] = 641(\text{N})$$

【例 2-8】［西安石油大学 2015 年考研试题］ 盛水容器底部有一个直径 $d=5\text{cm}$ 的圆形孔口，该孔口用直径 $D=8\text{cm}$、自重 $G=4.905\text{N}$ 的圆球封闭，如例 2-8(a) 图所示。已知水深 $H=20\text{cm}$，试求升起球体所需的拉力 T。[球缺体积计算公式为 $V=\frac{1}{3}\pi h^2(3R-h)$]

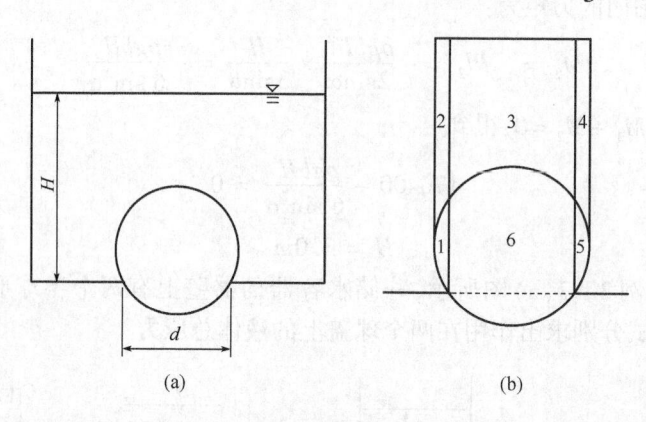

例 2-8 图

【分析】 提升球体所需拉力等于液体对球面静水压力与球体自身重力之和。所以本题考查作用在曲面上的静水压力。关键在于将作用在球体表面的实压力体和虚压力体找到，再计算压力体的和。

解： 将球体分为上半球和下半球两部分，上半球面受正压力体作用(V_{234})，下半球面浸没在水中的球面受虚压力体作用(V_{1245})。画出各部分压力体分布，如例 2-8(b) 图所示。浸没在水中的球面所受总压力为：

$$P = \rho g(V_{234} - V_{1245}) = \rho g[(V_{24} + V_3) - (V_{15} + V_{24})] = \rho g(V_3 - V_{15})$$

即总压力等于体积 3 的重量减去环状体积(用 15 表示)的重量，由于它们都是不规则空间体，因此需要进一步转换：

$$P = \rho g(V_3 - V_{15}) = \rho g[(V_3 + V_6) - (V_{15} + V_6)] = \rho g(V_{zhu} - V_{que})$$

式中，V_{zhu} 表示由体积 3 和体积 6 组成的圆柱体积，V_{que} 表示浸没在水中的球缺体积。

$$V_{zhu} = \frac{\pi d^2}{4} \times H = \frac{\pi \times 0.05^2}{4} \times 0.2 = 3.925 \times 10^{-4}(\text{m}^3)$$

球缺的高度 h 为上顶点到容器底部的垂直长度，分析几何关系得到：

$$h = \frac{D}{2} + \sqrt{\left(\frac{D}{2}\right)^2 - \left(\frac{d}{2}\right)^2} = \frac{0.08}{2} + \sqrt{\left(\frac{0.08}{2}\right)^2 - \left(\frac{0.05}{2}\right)^2} = 0.071(\text{m})$$

代入球缺公式得到球缺体积为：

$$V_{que} = \frac{1}{3}\pi h^2(3R-h) = \frac{1}{3} \times \pi \times 0.071^2 \times (3 \times 0.04 - 0.071) = 2.585 \times 10^{-4}(\text{m}^3)$$

将柱体体积和球缺体积代入总压力计算式,得到:

$$P = \rho g(V_{zhu} - V_{que}) = 1000 \times 9.8 \times (3.925 \times 10^{-4} - 2.585 \times 10^{-4}) = 1.3132(N)$$

P 的方向向下,提升球体所需拉力大小为:

$$T = G + P = 4.905N + 1.313N = 6.218N$$

【例 2 - 9】 有一密闭盛水容器,中间用平板分隔为上下两部分,隔板中有一圆孔,并用圆球堵塞,如例 2 - 9 图所示。已知圆球直径 $D = 50\text{cm}$,球重 $G = 1362\text{N}$,圆孔直径 $d = 25\text{cm}$,容器顶部压力表读数 $p = 4900\text{Pa}$,问当测压管中水面高差 x 大于多少时圆球即被水压力向上顶开?

【分析】 对圆球进行受力分析,其受上方溶液向下的压力、下方溶液向上的压力、自身重力和隔板的支持力作用保持平衡。随着测压管中水面高度增加,下方溶液对球体的压力逐渐增大,隔板提供的支持力逐渐减小,当隔板支持力等于 0 时,再继续增加测压管高度,圆球即被水压力向上顶开。

例 2 - 9 图

解: 首先将容器顶部的压力转化为等效液面高度:

$$\Delta h = \frac{p}{\rho g} = \frac{4900}{1000 \times 9.8} = 0.5(\text{m})$$

借鉴例 2 - 8 的结论,得到上方溶液对球体的总压力为:

$$P_1 = \rho g(V_{zhu} - V_{que})$$

$$V_{zhu} = \frac{\pi d^2}{4}(y + \Delta h) = \frac{\pi d^2 y}{4} + \frac{\pi \times 0.25^2 \times 0.5}{4} = \frac{\pi d^2 y}{4} + 0.0245$$

式中 V_{zhu}——圆柱体体积,其底面直径为 d,高度为 $y + \Delta h$;

V_{que}——隔板上方的球缺体积。

球缺高度为:

$$h = \frac{D}{2} + \sqrt{\left(\frac{D}{2}\right)^2 - \left(\frac{d}{2}\right)^2} = \frac{0.5}{2} + \sqrt{\left(\frac{0.5}{2}\right)^2 - \left(\frac{0.25}{2}\right)^2} = 0.467(\text{m})$$

球缺体积为:

$$V_{que} = \frac{1}{3}\pi h^2(3R - h) = \frac{1}{3} \times \pi \times 0.467^2 \times (3 \times 0.25 - 0.467) = 0.0646(\text{m}^3)$$

下方溶液对球体的总压力等于虚压力体的重力,该虚压力体为一圆柱,圆柱底面半径等于 d,高度等于 $y + x$,则:

$$P_2 = \rho g \times \frac{\pi d^2}{4} \times (y + x)$$

令 $P_1 + G = P_2$,得:

$$\rho g\left(\frac{\pi d^2 y}{4} + 0.0245 - 0.0646\right) + 1362 = \rho g \times \frac{\pi d^2}{4} \times (y + x)$$

解得:

$$x = 2.015\text{m}$$

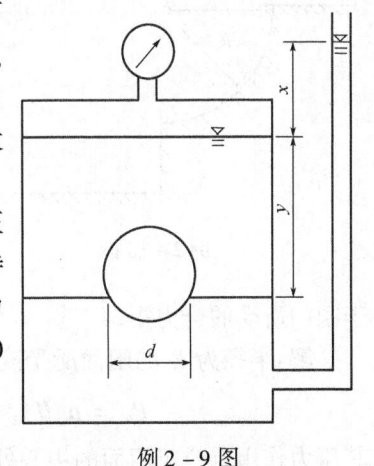

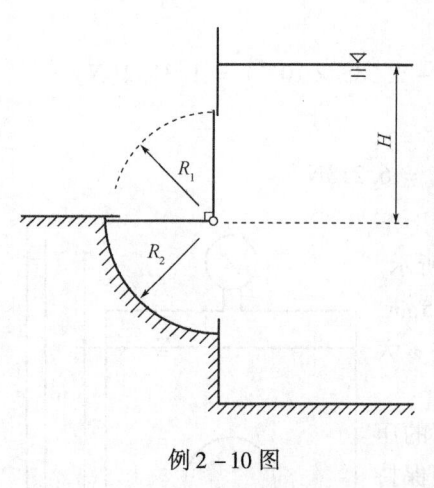

【例 2-10】 [中国石油大学(华东)2003 年考研试题] 如例 2-10 图所示,角式转动闸门,在一侧受水压时自动关闭,若 $R_1 = R_2 = 1\text{m}$,闸门宽 $B = 1\text{m}$,水深 $H = 2.5\text{m}$,闸门重量不计,求:(1)闸门所受的水压力 F 及力矩 M;(2)R_1 不变,当 R_2 减小为多少时,力矩 $M = 0$?(矩形面惯性矩 $J_C = BR^3/12$)

【分析】 由题意可知,该角式转动闸门可以绕铰轴转动,但由于壁面对其有限位作用,因此仅能转动 90°,当液面低于某一值时,半径为 R_2 的闸面受液体的压力占主导地位,闸门处于关闭状态。当液面高于某一值时,半径为 R_1 的闸面所受液体压力占主导地位,闸门逆时针转动,即转换为开启状态。决定闸门能否打开的关键取决于闸门所受的合力矩。

解: 半径为 R_2 的闸面所受液体压力为:

$$P_2 = \rho g H A_2 = 1000 \times 9.8 \times 2.5 \times 1 \times 1 = 24500(\text{N})$$

其压力作用点位于闸面的中心处,该压力产生的力矩为:

$$M_2 = P_2 \times \frac{R_2}{2} = 24500 \times \frac{1}{2} = 12250(\text{N} \cdot \text{m})$$

半径为 R_1 的闸面所受液体压力为:

$$P_1 = \rho g \left(H - \frac{R_1}{2}\right) A_1 = 1000 \times 9.8 \times \left(2.5 - \frac{1}{2}\right) \times 1 \times 1 = 19600(\text{N})$$

其压力作用点位于闸面中心处,该压力对闸门的力矩为:

$$M_1 = P_1 \times \frac{R_1}{2} = 19600 \times \frac{1}{2} = 9800(\text{N} \cdot \text{m})$$

(1)闸门所受的水压力为:

$$P = \sqrt{P_1^2 + P_2^2} = \sqrt{19600^2 + 24500^2} = 31375(\text{N})$$

水压力对闸门的力矩为:

$$M = M_1 - M_2 = 9800 - 12250 = -2450(\text{N} \cdot \text{m})$$

式中,负号代表力矩为顺时针方向。

(2)半径为 R_2 的闸面所受液体压力力矩为:

$$M_2 = P_2 \times \frac{R_2}{2} = \rho g H R_2 \times 1 \times \frac{R_2}{2} = \frac{1}{2} \rho g H R_2^2$$

令 $M_1 = M_2$,得:

$$\frac{1}{2} \rho g H R_2^2 = 9800$$

解得:

$$R_2 = 0.89\text{m}$$

【例 2-11】 如例 2-11 图所示,一个直径 $D = 2\text{m}$、长 $L = 1\text{m}$ 的圆柱体,其左半边为油和水,油和水的深度均为 1m。已知油的密度为 $\rho_o = 800\text{kg/m}^3$,求圆柱体所受的水平力和浮力。

【分析】 由于圆柱体左侧存在两种液体,因此应分开计算。水平方向力由公式计算,垂直方向力由压力体体积计算。

解: 因为左半边为不同液体,故分别来分析 AB 段和 BC 段曲面的受力情况。

(1) AB 曲面受力。

$$P_{x1} = \rho_o g h_{C1} A_{x1} = \rho_o g \times \frac{R}{2} \times RL$$
$$= 800 \times 9.8 \times 0.5 \times 1 \times 1$$
$$= 3.92(\text{kN})$$

$$P_{z1} = \rho_o g \left(R^2 - \frac{1}{4}\pi R^2\right) \times L$$
$$= 800 \times 9.8 \times \left(1 \times 1 - \frac{1}{4} \times 3.14 \times 1\right) \times 1$$
$$= 1.686(\text{kN})$$

(2) BC 曲面受力。

首先确定自由液面,由油水界面的压力:

$$P_{oB} = \rho_o g R$$

可确定等效自由液面高度:

$$H = R + h_* = R + \frac{P_{oB}}{\rho_w g} = 1 + 0.8 = 1.8(\text{m})$$

$$P_{x2} = \rho_w g h_{C2} A_{x2} = \rho_w g \times \left(h_* + \frac{R}{2}\right) \times RL$$
$$= 1 \times 10^3 \times 9.8 \times (0.8 + 0.5) \times 1$$
$$= 12.74(\text{kN})$$

$$P_{z2} = \rho_w g(V_1 + V_2) = \rho_w g \left(R \times h_* + \frac{1}{4}\pi R^2\right) \times L$$
$$= 1 \times 10^3 \times 9.8 \times \left(1 \times 0.8 + \frac{1}{4} \times 3.14 \times 1\right) \times 1$$
$$= 15.533(\text{kN})$$

则圆柱体受力为:

$$P_x = P_{x1} + P_{x2} = 3.92 + 12.74 = 16.66(\text{kN})$$
$$P_z = P_{z2} - P_{z1} = 15.533 - 1.686 = 13.847(\text{kN})(方向向上)$$

例 2-11 图

【例 2-12】 一个直径 2m、长 5m 的圆柱体放置在例 2-12 图中所示的斜坡上。求圆柱体所受的水平力和浮力。

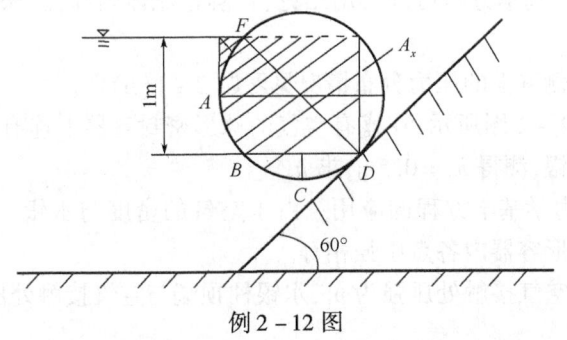

例 2-12 图

解:如例 2-12 图所示,因为斜坡的倾斜角为 60°,故经 D 点过圆心的直径与自由液面交于 F 点。

BC 段和 CD 段水平方向的投影面积相同,力方向相反,相互抵消,故圆柱体所受的水平力为:

$$P_x = \rho g h_C A_{(F-B)x}$$
$$= 1.0 \times 10^3 \times 9.8 \times 0.5 \times 1 \times 5$$
$$= 24.5(\text{kN})$$

圆柱体所受的浮力:分别画出 FA 段和 AD 段曲面的压力体,虚实抵消,则:

$$P_z = \rho g (V_1 + V_2) = \rho g (S_{\triangle FAD} + S_{半圆FBD}) L$$
$$= 1.0 \times 10^3 \times 9.8 \times \left(\frac{1}{2} \times 1 \times \sqrt{3} + \frac{1}{2} \times 3.14 \times 1\right) \times 5$$
$$= 119.364(\text{kN})$$

第三节 课后习题详解

【2-1】 试绘出习题 2-1(a)图中四种情况侧壁上压强分布图。

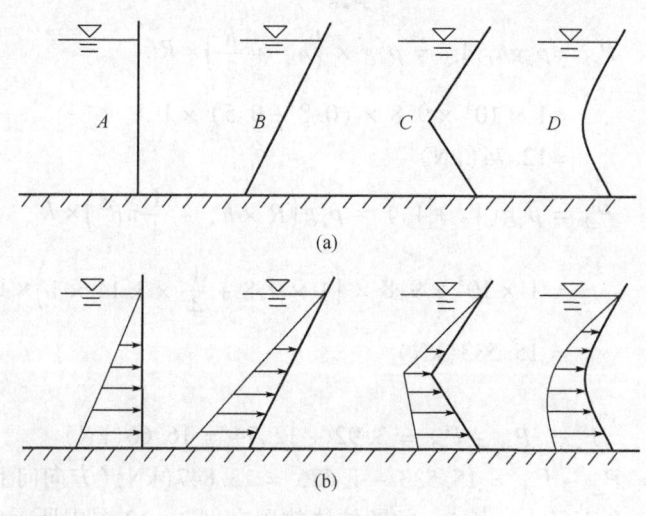

习题 2-1 图

【分析】 由静力学基本方程可以得出结论:在静止流体内部,随深度 h 的增加,压强 p 按线性规律增加。

答:题中四种情况侧壁上的压力分布情况见习题 2-1(b)图。

【2-2】 如习题 2-2 图所示,在盛有空气的球形密封容器上连有两根玻璃管,一根与水杯相通,另一根装有水银,测得 $h_1 = 0.5 \text{m}$,求 h_2。

【分析】 考查静力学基本方程的应用。由于空气的密度与水银、水的密度相比较小,因此可忽略不计,认为球形容器内各点压强相等。

解:设水柱顶端与空气接触处压强为 p_1,水银柱顶端与空气接触处压强为 p_2。

习题 2-2 图

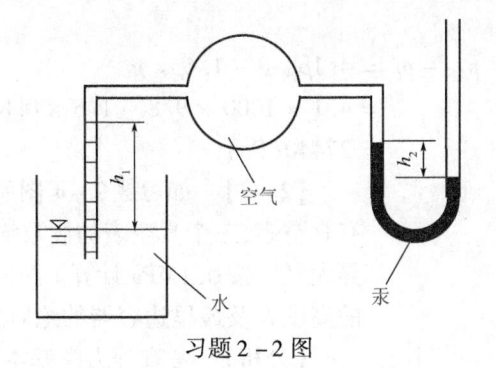

由静力学基本方程得：
$$p_1 = p_0 - \rho_{\text{水}} g h_1$$
$$p_2 = p_0 - \rho_{\text{汞}} g h_2$$

由于空气密度较小，可忽略不计，球形空气内任意点的压强均相等，所以有：
$$p_1 = p_2$$

即：
$$p_0 - \rho_{\text{水}} g h_1 = p_0 - \rho_{\text{汞}} g h_2$$

解得：
$$h_2 = \frac{\rho_{\text{水}} h_1}{\rho_{\text{汞}}} = \frac{1000 \times 0.5}{13600} = 0.0368(\text{m})$$

【2-3】 如习题 2-3 图所示，封闭容器中储有氮气、油和水，根据各个液面的标高值，计算油与水的相对密度和氮气的压强（标高的单位是 m）。

【分析】 考查静力学基本方程的灵活应用。解决此类问题的关键是找到压力相等的两点，建立方程，求解未知量。

解：在图中设定 A、B、C、D 四个点，A 点位于油柱与氮气交界面上，B 点位于水柱与氮气交界面上，C 点在油水交界面处，D 点与 C 点处在同一水平面上，标高均为 2.0m。

由静力学基本公式得：
$$p_A = p_C - (3.6 - 2.0)\rho_{\text{油}} g = p_C - 1.6\rho_{\text{油}} g$$
$$p_B = p_C - (3.3 - 2.0)\rho_{\text{水}} g = p_C - 1.3\rho_{\text{水}} g$$

因为氮气的密度与油、水相比可忽略不计，因此 A、B 两点压强相等，即：

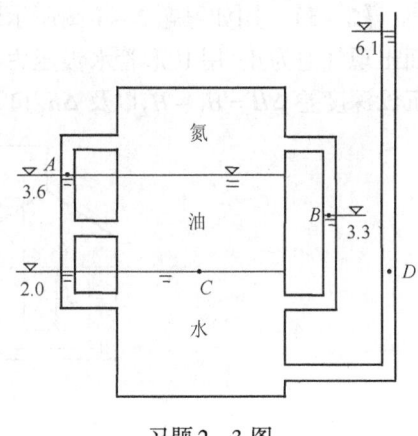

习题 2-3 图

$$p_C - 1.6\rho_{\text{油}} g = p_C - 1.3\rho_{\text{水}} g$$

解得油对水的相对密度为：
$$\frac{\rho_{\text{油}}}{\rho_{\text{水}}} = \frac{1.3}{1.6} = 0.8125$$

同理：
$$p_C = p_{\text{氮}} + (3.6 - 2.0)\rho_{\text{油}} g = p_{\text{氮}} + 1.6\rho_{\text{油}} g$$
$$p_D = p_0 + (6.1 - 2.0)\rho_{\text{水}} g = p_0 + 4.1\rho_{\text{水}} g$$

因为 C、D 属于同一液体（水），且属于同一水平面，所以由静力学基本公式可知其压强相等，即：

$$p_{\text{氮}} + 1.6\rho_{\text{油}} g = p_0 + 4.1\rho_{\text{水}} g$$

解得氮气的相对压强为：
$$p_{氮} - p_0 = 4.1\rho_{水}g - 1.6\rho_{油}g$$
$$= 4.1 \times 1000 \times 9.8 - 1.6 \times 0.8125 \times 1000 \times 9.8$$
$$= 27440(Pa)$$

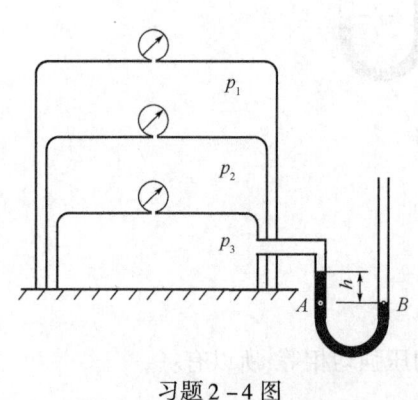

【2-4】 如习题2-4图所示，三重密封容器上都装有真空表，三个真空表的读数均为0.02MPa(真空度)，外界大气压按0.1MPa计算。试求图示U形水银测压计上的高度 h 及最里边容器的绝对压强 p_3。

【分析】 考查静力学基本公式与真空度的概念。

解：根据真空度的概念得：
$$p_1 = p_0 - 0.02 = 0.1 - 0.02 = 0.08(MPa)$$
$$p_2 = p_1 - 0.02 = 0.08 - 0.02 = 0.06(MPa)$$
$$p_3 = p_2 - 0.02 = 0.06 - 0.02 = 0.04(MPa)$$

即最内侧容器的绝对压强为0.04MPa。

习题2-4图

在图中设定 A、B 两点，其中 B 点位于水银柱与外界大气的交界面，A 点与 B 点处于同一水平面上。由静力学基本公式可知 A、B 两点压强相等，均等于大气压，即：
$$p_A = p_0 = p_3 + \rho_{汞}gh$$
$$= 0.04 \times 10^6 + 13600 \times 9.8 \times h = 1 \times 10^5(Pa)$$

解得水银测压计高度为：
$$h = 0.45m$$

【2-5】 用如习题2-5图所示装置测定油品重度，经1管和2管输入气体，直至罐内油面出现气泡为止，用U形管水银压力计分别量出1、2管通气时的 Δh_1 和 Δh_2。试根据1、2管沉没深度差 $\Delta H = H_1 - H_2$ 以及 Δh_1 和 Δh_2，求出油品重度的表达式。

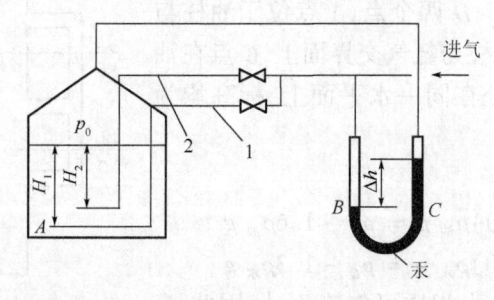

习题2-5图

【分析】 考查静力学基本方程。解答此类题目时，应充分利用气体介质的"连接"作用。

解：以1管充气时为例，设定 A、B、C 三个点，其中 A 点位于充气管端点，B 管位于汞柱左端点与空气交界处，C 点与 B 点位于同一水平面上。根据静力学基本公式有：
$$p_A = p_0 + \rho_{油}gH_1, \quad p_B = p_C = p_0 + \rho_{汞}g\Delta h_1$$

因为 A、B 两点通过1管内的空气相连通，而空气密度与油、汞密度相比可忽略不计，所以 A、B 两点压强相等。联立上面两式有：
$$\frac{\rho_{油}}{\rho_{汞}} = \frac{\Delta h_1}{H_1} \tag{1}$$

同理，2管充气时有：
$$\frac{\rho_{油}}{\rho_{汞}} = \frac{\Delta h_2}{H_2} \tag{2}$$

联立式(1)、式(2)得油品重度为：
$$\rho_{油} g = \frac{\rho_{汞} g (\Delta h_1 - \Delta h_2)}{\Delta H}$$

【2-6】 如习题2-6图所示，用多管水银测压计测量水箱中的表面压强，图中高程的单位为 m。试求水箱中水面的绝对压强。

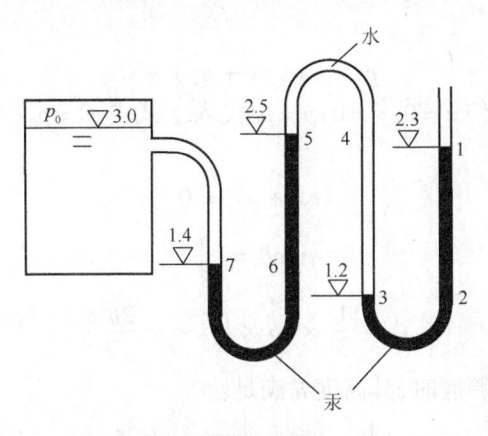

习题2-6图

【分析】 考查静力学基本公式的应用。

解： 在图中取 1~7 七个点，根据静力学基本方程得：

$$p_3 = p_2 = p_a + \rho_{汞} g (2.3 - 1.2) = p_a + 1.1 \rho_{汞} g$$

$$p_5 = p_4 = p_3 - \rho_{水} g (2.5 - 1.2)$$
$$= p_a + 1.1 \rho_{汞} g - 1.3 \rho_{水} g$$

$$p_7 = p_6 = p_5 + \rho_{汞} g (2.5 - 1.4)$$
$$= p_a + 1.1 \rho_{汞} g - 1.3 \rho_{水} g + 1.1 \rho_{汞} g$$
$$= p_a + 2.2 \rho_{汞} g - 1.3 \rho_{水} g$$

$$p_o = p_7 - (3.0 - 1.4) \rho_{水} g$$
$$= p_a + 2.2 \rho_{汞} g - 1.3 \rho_{水} g - 1.6 \rho_{水} g$$
$$= p_a + 2.2 \rho_{汞} g - 2.9 \rho_{水} g$$
$$= 1.013 \times 10^5 + 2.2 \times 13600 \times 9.8 - 2.9 \times 1000 \times 9.8$$
$$= 3.66 \times 10^5 (\text{MPa})$$

【2-7】 如习题2-7图所示，飞机汽油箱的尺寸为 $b \times 2b \times c$，油箱中装有其容积三分之一的汽油，飞机以匀加速度 a 做水平运动，试求能使汽油自由表面达到箱底时的加速度值。

【分析】 考查相对静止状态下流体的平衡，流体受惯性力与重力共同作用。首先应根据静力学平衡微分方程求出压力分布关系，进而求得液面倾斜角与加速度之间的变化关系。根据油箱中流体的体积求出当流体自由表面达到箱底时的临界倾斜角，代入倾斜角与加速度的关系式，求得临界加速度值。

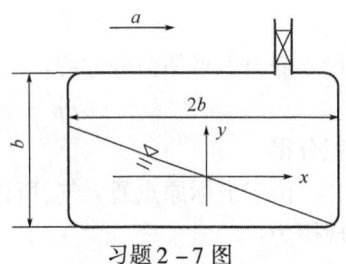

习题2-7图

— 31 —

解:在流体液面中间设定坐标系,如图所示。单位质量流体受力在 x、y、z 三个方向的分量分别为:

$$f_x = -a, f_y = -g, f_z = 0$$

代入静力学平衡微分方程:

$$dp = \rho(f_x dx + f_y dy + f_z dz) = -\rho(adx + gdy)$$

积分得:

$$p = -\rho(ax + gy) + C$$

将坐标原点的边界条件 $x=0, y=0, p=p_0$ 代入上式得 $C=p_0$;由于液面各点压力均等于 p_0,得到液面方程为:

$$ax + gy = 0$$

即液面倾斜角为:

$$\tan\theta = \frac{a}{g} \tag{1}$$

油箱内液体体积为:

$$V = \frac{1}{3} \times 2b \times b \times c = \frac{2b^2 c}{3}$$

当汽油自由表面达到箱底时,其高度 h 满足:

$$\frac{1}{2} \times 2b \times h \times c = \frac{2b^2 c}{3}$$

解得:

$$h = \frac{2b}{3}$$

此时液面临界倾角为:

$$\tan\theta_0 = \frac{h}{2b} = \frac{1}{3}$$

令式(1)中的 $\theta = \theta_0$,即可得到使汽油自由表面达到箱底时的加速度为:

$$a = \frac{g}{3}$$

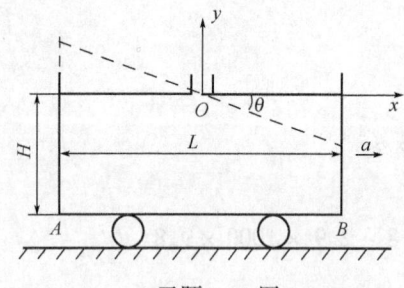

【2-8】 如习题2-8图所示,汽车上有装满水的长方形水箱,高 $H=1.2m$,长 $L=4m$,水箱顶盖中心有一供加水用的孔,该孔通大气,试计算当汽车以加速度为 $3m/s^2$ 向前行驶时,水箱底面上前后两点 A、B 的静压强。

【分析】 考查相对静止状态下流体的平衡。假设水箱无上端盖遮挡,此时流体自由液面为倾斜平面,求出压强分布。

习题2-8图

解:在流体液面中间设定坐标系,如图所示。单位质量流体受力在 x、y、z 三个方向的分量分别为:

$$f_x = -a, \quad f_y = -g, \quad f_z = 0$$

代入静力学平衡微分方程:

$$dp = \rho(f_x dx + f_y dy + f_z dz) = -\rho(adx + gdy)$$

积分得:

$$p = -\rho(ax + gy) + C \tag{1}$$

由于坐标原点通大气,所以 $x=0, y=0$ 时 $p=p_a$。代入式(1)得 $C=p_a$,即液体内压强分布规律为:

$$p = p_a - \rho(ax + gy) \tag{2}$$

将 A、B 两点坐标 $A\left(-\dfrac{L}{2}, -H\right)$, $B\left(\dfrac{L}{2}, -H\right)$ 分别代入式(2),得 A、B 两点压强分别为:

$$p_A = p_a + \rho\left(a\dfrac{L}{2} + gH\right)$$

$$= 1.013 \times 10^5 + 1000 \times \left(3 \times \dfrac{4}{2} + 9.8 \times 1.2\right)$$

$$= 1.19 \times 10^5 (\text{Pa})$$

$$p_B = p_a - \rho\left(a\dfrac{L}{2} - gH\right)$$

$$= 1.013 \times 10^5 - 1000 \times \left(3 \times \dfrac{4}{2} - 9.8 \times 1.2\right)$$

$$= 1.07 \times 10^5 (\text{Pa})$$

【2-9】 对某一容器,试求下列几种情况下在容器中液面下1m处的压强。
(1)容器以 6m/s^2 的等加速度垂直上升时;
(2)容器以 5m/s^2 的等加速度垂直下降时;
(3)自由下落时。

【分析】 考查相对静止状态下流体的平衡,解题关键是灵活应用静力学平衡微分方程,能够针对具体情况,找出各个方向的单位质量力分量。

解: 设垂直方向为 z 轴,对于情况(1),容器以 6m/s^2 的等加速度垂直上升时,单位质量流体在各个方向上的质量力分量为:

$$f_x = 0, \quad f_y = 0, \quad f_z = -6 + (-g) = -15.8$$

代入静力学平衡微分方程:

$$dp = \rho(f_x dx + f_y dy + f_z dz) = -15.8\rho dz$$

积分得压强分布:

$$p = -15.8\rho z + C$$

在液体表面 $z = 0$ 处,压强为大气压 p_a,代入上式得压强分布为:

$$p = p_a - 15.8\rho z$$

液面1m处,$z = -1$,代入上式的压强为:

$$p = p_a + 15.8\rho$$

同理,对于情况(2),容器以 5m/s^2 的等加速度垂直下降时,单位质量流体在各个方向上的质量力分量为:

$$f_x = 0, \quad f_y = 0, \quad f_z = 5 + (-g) = -4.8$$

代入静力学平衡微分方程,积分后代入边界条件得压强分布为:

$$p = p_a - 4.8\rho z$$

液面下1m处的压强为:

$$p = p_a + 4.8\rho$$

对于情况(3),容器自由下落时,单位质量流体在各个方向上的质量力分量为:

$$f_x = 0, \quad f_y = 0, \quad f_z = g + (-g) = 0$$

代入静力学平衡微分方程,积分后代入边界条件得压强分布为:

$$p = p_a$$

即流体内各点压强相等,均等于大气压强。

【2-10】 如习题 2-10(a)图所示,在一直径 $D = 200\text{mm}$、高 $H = 400\text{mm}$ 的圆柱形容器中注入水至高度 $h_1 = 300\text{mm}$,然后使容器绕其垂直轴旋转。试求出能使水的自由液面到达容器上部边缘时和自由液面到达容器底部时的转数。

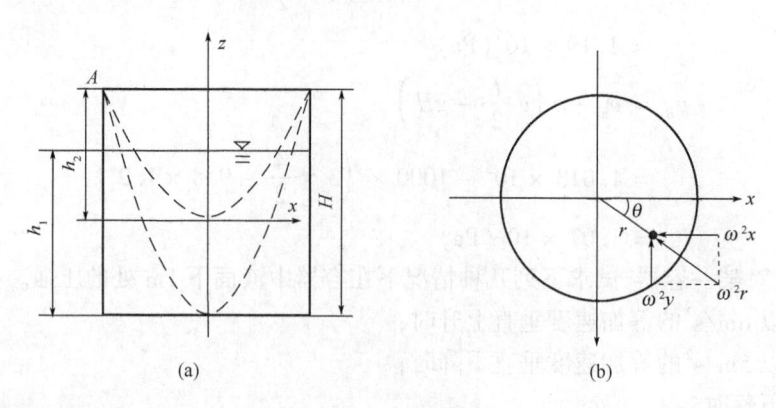

习题 2-10 图

【分析】 考查相对静止状态下流体的平衡条件。在解题过程中应灵活应用静力学平衡微分方程求出压强分布,再结合边界条件求出液体自由表面的方程,最后根据题目要求将特殊点坐标代入自由表面方程,求出满足要求的转速。

解: 设定如习题 2-10(b)图所示的坐标系,坐标原点位于液面最低点。习题 2-10(b)图为俯视图,距离坐标原点距离 r 处的角加速度为:

$$a_r = \omega^2 r$$

角加速度沿 x 轴、y 轴的分量为:

$$a_x = \omega^2 r\cos\theta = -\omega^2 x$$
$$a_y = \omega^2 r\sin\theta = -\omega^2 y$$

即流体在其空间内任意点 (x, y, z) 处的质量力分量为:

$$f_x = \omega^2 x,\ f_y = \omega^2 y,\ f_z = -g$$

代入静力学平衡微分方程得:

$$dp = \rho(f_x dx + f_y dy + f_z dz)$$
$$= \rho(\omega^2 x dx + \omega^2 y dy - g dz)$$

积分得:

$$p = \rho\left(\omega^2 \frac{x^2}{2} + \omega^2 \frac{y^2}{2} - gz\right) + C = \rho\left(\frac{\omega^2 r^2}{2} - gz\right) + C$$

对于坐标原点,$r = 0$,$z = 0$ 时,$p = p_a$,解得 $C = p_a$,即液体内的压强分布为:

$$p = p_a + \rho\left(\frac{\omega^2 r^2}{2} - gz\right) \tag{1}$$

液体自由液面上的压强等于 p_a,代入式(1)得自由液面的方程为:

$$\frac{\omega^2 r^2}{2} - gz = 0 \tag{2}$$

下面计算水的自由液面到达容器上部边缘时,容器边缘 A 点在当时坐标系中的 z 坐标值 h_2。此时,容器内液面上方空气组成的空间形状为一旋转抛物体,由已知条件可知此旋转抛物

— 34 —

体的体积为：
$$V_{抛} = \frac{\pi D^2}{4}(H - h_1) = \frac{\pi \times 0.2^2}{4} \times (0.4 - 0.3) = 3.14 \times 10^{-3}(\text{m}^3) \quad (3)$$

而由定积分可计算出底面半径为 r、高为 h_2 的旋转抛物体的体积为：
$$V_{抛} = \frac{\pi h_2 r^2}{2} \quad (4)$$

联立式(3)、式(4)，即可求得 A 点的 z 坐标值为：
$$h_2 = 0.2\text{m}$$

因为 A 点位于自由液面上，所以应满足自由液面方程式(2)，将 A 点半径 $r = 0.1\text{m}$, z 坐标 $z = 0.2\text{m}$ 代入式(2)，求得使水的自由液面到达容器上部边缘时得角速度为：
$$\omega_1 = 19.8\text{rad/s}$$

当自由液面到达容器底部时，此时 A 点在当前坐标系下的半径 $r = 0.1\text{m}$, z 坐标为 $z = 0.4\text{m}$，代入式(2)，求得使自由液面到达容器底部的角速度为：
$$\omega_2 = 28\text{rad/s}$$

【2-11】 如习题2-11图所示，一个底部为正方形容器被分成两部分，两部分在容器底部连通。容器加装有水，开始时水深2m。当左边部分加入一个重力为900N的木块后，右边的水面要上升多少？

【分析】 由于容器的两部分在底部是相连通的，所以根据连通器原理，在左侧放入木块后，左右两边液面高度应相同，都为 $2 + \Delta h$。本题主要考查阿基米德定理。

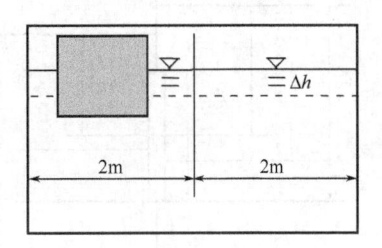

习题2-11图

解：根据阿基米德定理，木块所受浮力为：
$$F_{浮} = \rho_水 g \Delta V$$

其中，ΔV 表示木块浸在水下部分的体积。又由木块受力平衡，所以有：
$$F_{浮} = G$$

解得：
$$\Delta V = \frac{G}{\rho_水 g} = \frac{900}{1000 \times 9.8} = 0.092(\text{m}^2)$$

将此体积转化为液面上升的高度为：
$$\Delta h = \frac{\Delta V}{A} = \frac{0.092}{4 \times 4} = 0.00575(\text{m})$$

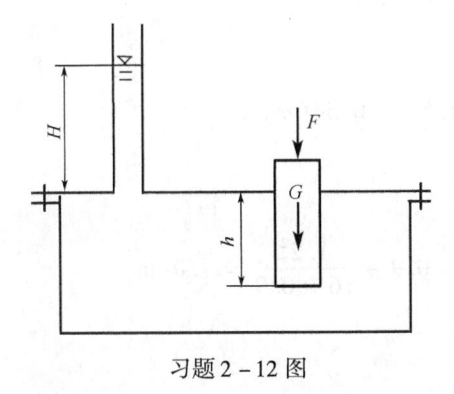

习题2-12图

【2-12】 如习题2-12图所示，直径 $d = 0.2\text{m}$ 的圆柱体，其质量 $m = 10\text{kg}$，在力 $F = 120\text{N}$ 的作用下处于静止状态。淹没深度 $h = 0.5\text{m}$，试求测压管中水柱的高度 H。

【分析】 考查物体受力平衡、作用在平面上的流体压力。

解：在圆柱体底面水的相对压强为：
$$p = \rho g(H + h)$$

水作用在圆柱体底面的压力为：

— 35 —

$$P = pA = \frac{\pi d^2 \rho g}{4}(H + h)$$

木块在外力 F、重力 G 和水压力 P 共同作用下保持平衡,有:
$$P = G + F$$

即:
$$\frac{\pi d^2 \rho g}{4}(H + h) = mg + F$$

解得测压管水柱高度:
$$H = \frac{4(mg + F)}{\pi d^2 \rho g} - h$$

代入数值得:
$$H = \frac{4(10 \times 9.8 + 120)}{\pi \times 0.2^2 \times 1000 \times 9.8} - 0.5 = 0.21(\text{m})$$

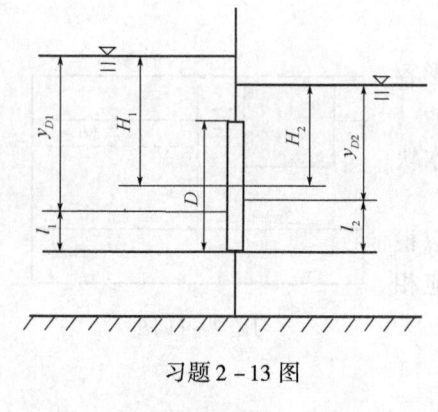

【2-13】 水池两边水的深浅不同,如习题 2-13 图所示。用直径 $D = 1.2\text{m}$ 的圆形闸门将水池分开,$H_1 = 1.5\text{m}, H_2 = 0.9\text{m}$,试求闸门所受水压力的大小及作用点。

【分析】 考查静止流体作用在平面上的总压力的大小以及作用点。

解: 左右两侧流体作用在闸门上的总压力分别为:
$$P_1 = \rho g H_1 \frac{\pi D^2}{4} = 9800 \times 1.5 \times \frac{\pi \times 1.2^2}{4} = 16625(\text{N})$$

$$P_2 = \rho g H_2 \frac{\pi D^2}{4} = 9800 \times 0.9 \times \frac{\pi \times 1.2^2}{4} = 9975(\text{N})$$

习题 2-13 图

所以圆形闸门所受水的总压力大小为:
$$P = P_1 - P_2 = \rho g \frac{\pi D^2}{4}(H_1 - H_2) = 9800 \times \frac{\pi \times 1.2^2}{4}(1.5 - 0.9) = 6650(\text{N})$$

闸门所受总压力方向为水平向右。

左侧总压力 P_1 的作用点为:
$$y_{D1} = y_{C1} + \frac{J_C}{y_{C1}A} = H_1 + \frac{\frac{\pi D^4}{64}}{H_1 \frac{\pi D^2}{4}} = H_1 + \frac{D^2}{16H_1} = 1.5 + \frac{1.2^2}{16 \times 1.5} = 1.56(\text{m})$$

左侧压力 P_1 的作用点距离闸门底端距离为:
$$l_1 = H_1 + \frac{D}{2} - y_{D1} = 1.5 + 0.6 - 1.56 = 0.54(\text{m})$$

同理,右侧总压力 P_2 的作用点为:
$$y_{D2} = y_{C2} + \frac{J_C}{y_{C2}A} = H_2 + \frac{\frac{\pi D^4}{64}}{H_2 \frac{\pi D^2}{4}} = H_2 + \frac{D^2}{16H_2} = 0.9 + \frac{1.2^2}{16 \times 0.9} = 1.0(\text{m})$$

右侧压力 P_2 的作用点距离闸门底端距离为:

$$l_2 = H_2 + \frac{D}{2} - y_{D2} = 0.9 + 0.6 - 1.0 = 0.5(\text{m})$$

设总压力作用点距闸门底部距离为 l，根据合力矩定理(力矩逆时针为正)有：
$$-Pl = -P_1l_1 + P_2l_2$$

解得：
$$l = \frac{-P_1l_1 + P_2l_2}{-P} = \frac{-16625 \times 0.54 + 9975 \times 0.5}{-6650} = 0.6(\text{m})$$

即总压力作用点距圆形闸门底边距离为 0.6m。

【提示】 计算结果表明总压力作用点刚好位于圆形闸门中心，若此题更换其他数值该结论是否仍成立？

【2-14】 如习题 2-14 图所示，水箱侧壁与水平面成 60°夹角，侧壁上有一圆形泄水孔，其直径 D = 500mm，现用一盖板封住该孔，盖板可以绕 A 点转动，若要求当水位超过 H = 600mm 时能自行打开放水，图示质量 m 应为多少？（设盖板自重及摩擦影响均忽略不计）

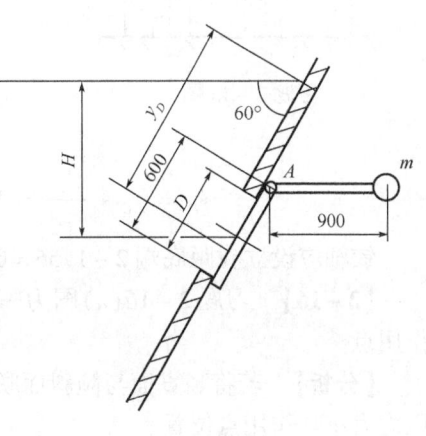

【分析】 考查静止流体作用在平面上的压力大小和作用点的计算方法以及物体处于转动平衡状态的条件。

解：圆形盖板的形心位于圆心处，此处相对压强为：
$$p_C = \rho g H = 9800 \times 0.6 = 5880(\text{Pa})$$

习题 2-14 图

圆形盖板所受总压力大小为：
$$P = p_C A = 5880 \times \frac{\pi \times 0.5^2}{4} = 1154.54(\text{N})$$

总压力方向垂直指向圆形盖板。

形心处的 y 方向坐标为：
$$y_C = \frac{H}{\sin 60°} = \frac{0.6}{0.866} = 0.693$$

总压力作用点的 y 方向坐标为：
$$y_D = y_C + \frac{J_C}{y_C A} = y_C + \frac{\frac{\pi D^4}{64}}{y_C \cdot \frac{\pi D^2}{4}} = y_C + \frac{D^2}{16 y_C} = 0.693 + \frac{0.5^2}{16 \times 0.693} = 0.7154(\text{m})$$

总压力作用点与 A 点之间的距离为：
$$l = y_D - y_C + \left(0.6 - \frac{D}{2}\right) = 0.7154 - 0.693 + \left(0.6 - \frac{0.5}{2}\right) = 0.3724(\text{m})$$

当闸门即将打开的瞬间，整个闸门受球体重力力矩与压力力矩作用而处于转动平衡状态，即合力矩为零：
$$M = Pl - mg \times \frac{900}{1000} = 0$$

代入数据后求得圆球质量为：
$$m = \frac{Pl}{g \times 0.9} = \frac{1154.54 \times 0.3724}{9.8 \times 0.9} = 48.75(\text{kg})$$

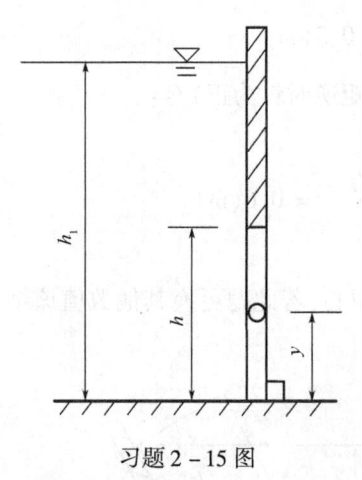

【2-15】 如习题 2-15 图所示,矩形平板闸门,宽 $b = 0.8\text{m}$,高 $h = 1\text{m}$,若要求当水深 h_1 超过 2m 时,闸门即可自动开启,铰轴的位置 y 应是多少?

【分析】 当总压力作用点在铰轴以下时,可使闸门逆时针方向旋转,但此时闸门外侧有遮挡物,会维持平衡状态。当压力中心位于铰轴以上时,会使闸门顺时针旋转,此时闸门自动开启。所示闸门自动开启的临界状态为压力中心与铰轴重合,即本题实际是要求计算水高 2m 时压力中心的位置。

解: 矩形平板闸门的形心位于矩形中心,距液面的高度为:

$$y_C = h_1 - \frac{h}{2} = 2 - 0.5 = 1.5(\text{m})$$

压力中心的位置为:

$$y_D = y_C + \frac{J_C}{y_C A} = 1.5 + \frac{\frac{bh^3}{12}}{1.5hb} = 1.5 + \frac{h^2}{18} = 1.56(\text{m})$$

习题 2-15 图

铰轴应设立在距底端 $2 - 1.56 = 0.44(\text{m})$ 处。

【2-16】 习题 2-16(a)图为一个水坝,求出水作用在单位宽度坝面上的合力大小及其作用点。

【分析】 若将竖直面与倾斜面联合看作一曲面,则此题考查静止流体作用在曲面上的总压力大小与作用点位置。

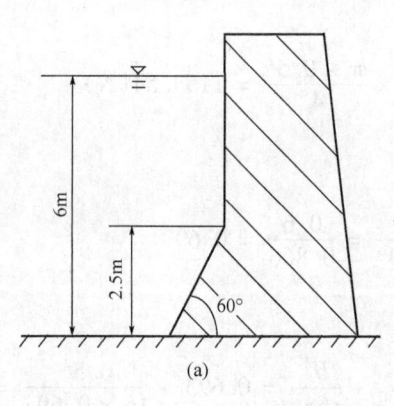

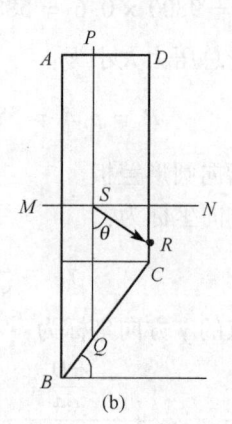

习题 2-16 图

解: 为叙述方便,在习题 2-16(b)图中进行了关键点标记。水坝所受总压力的水平分量为:

$$P_x = \rho g h_C A_x = 9800 \times \frac{6}{2} \times 6 \times 1 = 176400(\text{N})$$

水平分力的压力中心位置为:

$$y_D = y_C + \frac{J_C}{y_C A} = 3 + \frac{\frac{1 \times 6^3}{12}}{3 \times 6 \times 1} = 4(\text{m})$$

过压力中心作水平分力作用线 MN,如习题 2-16(b)图所示。

压力体为线段 BC 以上的梯形体,其体积为:

— 38 —

$$V = S_{ABCD}$$
$$= (6 - 2.5) \times \frac{2.5}{\tan 60°} + \frac{1}{2} \times 2.5 \times \frac{2.5}{\tan 60°}$$
$$= 6.856 (\text{m}^3)$$

总压力的垂直分量为：
$$P_z = \rho g V = 9800 \times 6.856 = 67189(\text{N})$$

下面计算压力体的重心位置。假设压力体重心在直线 PQ 上[习题 2-16(b)图]，并设直线 PQ 与竖直段坝面的间距 PD 为 l，则根据重心定义有：
$$S_{ABQP} = S_{PQCD}$$

根据梯形面积公式求得：
$$l = 0.815\text{m}$$

至此，总压力垂直分力的作用线位置也已经确定。

总压力大小为：
$$P = \sqrt{P_x^2 + P_y^2} = \sqrt{176400^2 + 67189^2} = 188763(\text{N})$$

总压力作用方向为：$\theta = \arctan \dfrac{P_x}{P_y} = \arctan \dfrac{176400}{67189} = 69.12°$

总压力作用点：过水平分力作用线 MN 与垂直分力作用线 PQ 的交点 S 作一直线，使该直线与垂直方向的夹角为 $69.12°$，如图中的 SR，该直线与坝面交点 R 即为最终的总压力作用点。

【2-17】 如习题 2-17 图所示，卧式油罐直径为 2.5m，长 10m，油面高出顶部 0.2m。油罐密闭时，油面蒸气压强为 0.6at，油品相对密度为 0.80，求 $A-A$ 和 $B-B$ 断面处的拉力。

【分析】 本题考查静止流体作用在曲面上的压力分量的计算方法，应注意虚压力体的应用。

解：以 $A-A$ 断面上部油罐为研究对象进行受力分析，它在下部油罐对其拉力和罐内油品对其压力作用下处于平衡状态。因此拉力等于油品对上壁面压力。

作用在上壁面的压力体为虚压力体，如图中阴影部分所示，若忽略油罐进油口部分的体积，则压力体体积可近似为：

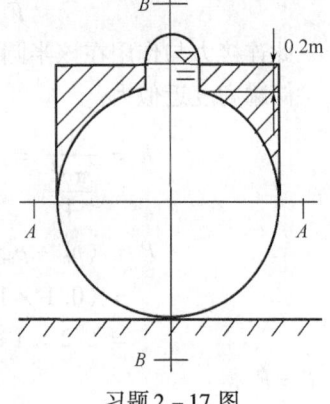

习题 2-17 图

$$V = \left[2.5 \times \left(\frac{2.5}{2} + 0.2\right) - \frac{1}{2} \times \frac{\pi \times 2.5^2}{4}\right] \times 10 = 11.7(\text{m}^3)$$

$A-A$ 断面处的压力为：
$$F_{A-A} = P_z = p_0 A_z + \rho g V$$
$$= 0.6 \times 9.8 \times 10^4 \times 2.5 \times 10 + 0.8 \times 9.8 \times 1000 \times 11.7$$
$$= 1561778(\text{N})$$

以 $B-B$ 断面右侧油罐为研究对象进行受力分析，它在左侧油罐对其拉力和罐内油品对其压力作用下处于平衡状态。因此拉力等于油品对右侧壁面的压力，大小为：
$$P_x = (p_0 + \rho g h_C) A_x$$
$$= \left[0.6 \times 9.8 \times 10^4 + 0.8 \times 9800 \times \left(\frac{0.2 + 2.5}{2}\right)\right] \times (2.5 \times 10)$$
$$= 1734600(\text{N})$$

【2-18】 习题 2-18 图为装有 2000m³ 油品的油罐,所装油品的相对密度为 0.8,油面上压强为 0.10 大气压,钢板的容许拉应力 $\sigma = 1.176 \times 10^8 \text{N/m}^2$,求最下圈钢板所需厚度。

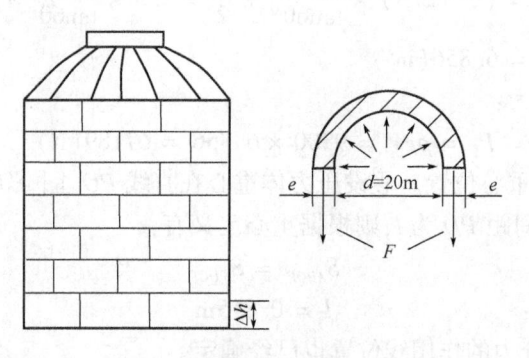

习题 2-18 图

【分析】 油罐最下圈钢板由于受液体压力而产生了环向应力,而此环向应力不应大于钢板的许用应力。

解:设最下圈钢板的厚度为 e,在最下圈钢板处取 Δh 高度的半圆柱钢板为研究对象,如图所示。

高度为 Δh 的半圆柱钢板受另一半钢板的连接力为:
$$F = \sigma A = \sigma \times 2 \times e \times \Delta h = 2e\Delta h \sigma$$

此连接力与作用在该半圆柱钢板上的压力相平衡,总压力计算过程如下:

储罐高度近似为:
$$h = \frac{V}{\frac{\pi d^2}{4}} = \frac{2000}{\frac{\pi \times 20^2}{4}} = 6.366 (\text{m})$$

$$P = (p_0 + \rho g h) A_x$$
$$= (0.1 \times 1.013 \times 10^5 + 0.8 \times 1000 \times 9.8 \times 6.366) \times (20 \times \Delta h)$$
$$= 1.2 \times 10^6 \Delta h$$

令 $P = F$,得:
$$2e\Delta h \sigma = 1.2 \times 10^6 \Delta h$$

解得:
$$e = \frac{1.2 \times 10^6}{2\sigma} = \frac{1.2 \times 10^6}{2 \times 1.176 \times 10^8} = 5.1 \times 10^{-3} (\text{m}) = 5.1 (\text{mm})$$

即底层钢板厚度至少为 5.1mm。

【2-19】 如习题 2-19 图所示,两个半圆球形壳,以螺钉相连接,下半球固定于地面,其底部接测压管,球壳内装满水,测压管内水面高出球顶 1m,球直径 $D = 2$m,试求螺钉所受的总张力。

【分析】 上半球壳在螺钉拉力和水的压力作用下保持平衡,因此本题实际考查静止流体作用在曲面上的总压力,对于本题,即为垂直分力。解决此题关键是正确地画出压力体。

解:根据压力体的定义,上部分半球壳的压力体为虚压力体,如图中阴影部分所示,其体积为:
$$V = V_{柱} - \frac{1}{2} V_{球} = \pi R^2 (R + 1) - \frac{1}{2} \times \frac{4}{3} \times \pi R^3 = \frac{4}{3}\pi$$

所以水对上半部分球壳的压力为：
$$P_z = \rho g V = 9800 \times \frac{4}{3} \times \pi = 41050(\text{N})$$

由于上半部分球壳在螺栓张力与水压力共同作用下平衡，所以螺栓张力为：
$$F = 41050 \text{N}$$

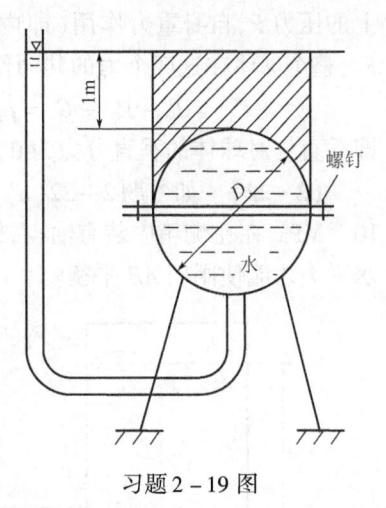

【2-20】 密闭盛水容器，水深 $h_1 = 0.60\text{m}$，$h_2 = 1.00\text{m}$，水银测压计读数 $\Delta h = 0.25\text{m}$，试求半径 $R = 3\text{m}$ 的半球形盖 AB 所受总压力的水平分力和铅垂分力。

答案：略。

【2-21】 如习题2-21(a)图所示，球形密闭容器内充满水，已知测压管水面标高 $h_1 = 8.5\text{m}$，球外自由水面标高 $h_2 = 3.5\text{m}$，球直径 $D = 2\text{m}$，球壁重量不计，试求：(1)作用于半球连接螺栓上的总拉力；(2)作用于垂直柱上的水平力和垂直力。

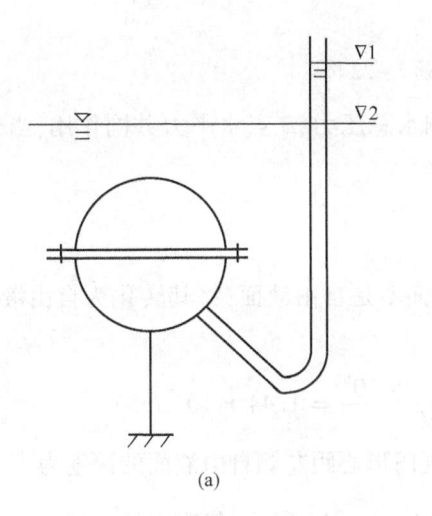

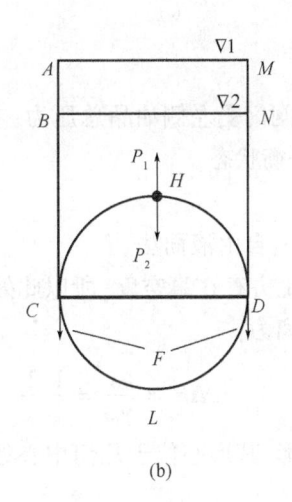

习题2-19图

习题2-21图

【分析】 若以上半部分球壁为研究对象，可求出连接螺栓的总拉力。若以整个球形密闭容器为研究对象，则可求出垂直支柱对容器的受力。

解：以上半部分球壁为研究对象进行受力分析可知，其在三个力共同作用下保持平衡，分别为：垂直向下的螺栓连接力 F、容器外部水对其垂直向下的压力 P_2、容器内部水对其垂直向上的压力 P_1，如习题2-21(b)图所示。

计算 P_1 时，虚压力体为 $ACHDMA$，计算 P_2 时，实压力体为 $BCHDNB$，所以有：
$$\begin{aligned}
F &= P_1 - P_2 \\
&= \rho g(V_{ACHDMA} - V_{BCHDNB}) \\
&= \rho g V_{ABNM} = \rho g \frac{\pi D^2}{4}(h_1 - h_2) \\
&= 9800 \times \frac{\pi \times 2^2}{4} \times (8.5 - 3.5) = 153938(\text{N})
\end{aligned}$$

当以整个球形容器为研究对象时，其上表面受水垂直向下的压力 P_2，下表面受水垂直向

— 41 —

上的压力 P, 自身重力作用(即内部水的重力 G), 此外还受垂直柱的拉力(或支持力), 设为 F_1, 整个球体在这四个力的共同作用下平衡:

$$F_1 = P - P_2 - G = \rho g V_{BCLDNB} - \rho g V_{BCHDNB} - \rho g V_{球} = \rho g V_{球} - \rho g V_{球} = 0$$

即垂直柱对球体的垂直分力为0, 由于整体球体受力对称, 所以水平分力也为0。

【2-22】 如习题2-22(a)图所示, 闸门 AB 宽 1.2m, 铰在 A 点, 压力表的读数为 -1.2×10^{-5} MPa, 在左侧箱中装有油, 右侧箱中装有水, 油的重度 $\gamma_0 = 8.33 \text{kN/m}^3$, 问在 B 点加多大的水平力才能使闸门 AB 平衡?

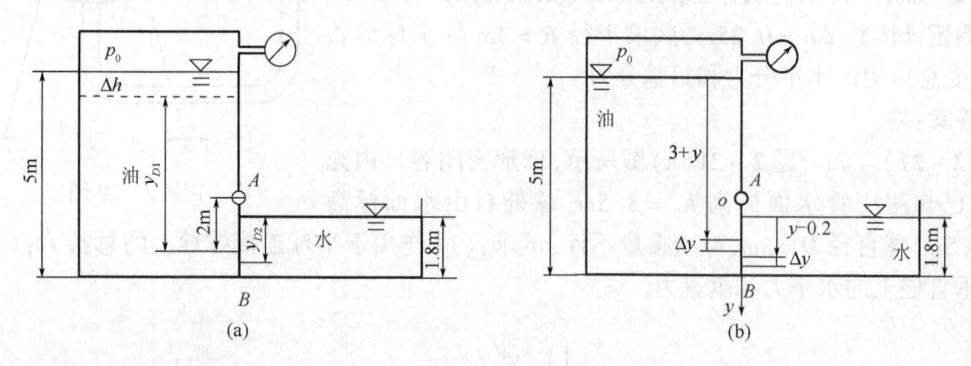

习题 2-22 图

【分析】 闸门受左侧油品总压力、右侧水总压力、B 点水平力共同作用, 当合力矩等于0时, 闸门处于平衡状态。

解:

(1)方法一: 自由液面法。

由于油品上方存在真空度, 所以此处液面不是自由液面, 将其转化为自由液面高度时, 液面应下降的距离为:

$$\Delta h = \frac{p_0}{\gamma_0} = \frac{1.2 \times 10^{-5} \times 10^6}{8330} = 1.44 \times 10^{-3} (\text{m})$$

闸门为矩形, 其形心位于几何中心处, 闸门形心距左侧自由液面的深度为:

$$y_{C1} = 5 - \frac{2}{1} - \Delta h = 4 (\text{m}) \quad (\Delta h \text{ 很小, 忽略不计})$$

左侧油品对闸门的总压力为:

$$P_1 = \rho_{油} g y_{C1} A_1 = 8330 \times 4 \times 1.2 \times 2 = 79968 (\text{N})$$

P_1 的压力中心距自由液面的距离为:

$$y_{D1} = y_{C1} + \frac{J_{C1}}{y_{C1} A_1} = 4 + \frac{\frac{1.2 \times 2^3}{12}}{4 \times 1.2 \times 2} = 4.083 (\text{m})$$

此压力中心距离铰轴 A 的距离为:

$$l_1 = y_{D1} - (y_{C1} - 1) = 1.083 (\text{m})$$

同理, 右侧水对闸门的总压力大小为:

$$P_2 = \rho_{水} g y_{C2} A_2 = 9800 \times \frac{1.8}{2} \times 1.8 \times 1.2 = 19051.2 (\text{N})$$

压力中心位置:

$$y_{D2} = y_{C2} + \frac{J_{C2}}{y_{C2}A_2} = 0.9 + \frac{\frac{1.2 \times 1.8^3}{12}}{0.9 \times 1.2 \times 1.8} = 1.2(\text{m})$$

压力中心距离铰轴 A 的距离为:

$$l_2 = y_{D2} + (2 - 1.8) = 1.2 + 0.2 = 1.4(\text{m})$$

设 B 点处水平力大小为 F,方向水平向左,则合力矩为:

$$M = M_1 + M_2 + M_F = P_1l_1 + (-P_2l_2) + (-F \times 2) = 0$$

代入数值后解得:

$$F = \frac{P_1l_1 - P_2l_2}{2} = \frac{79968 \times 1.083 - 19051.2 \times 1.4}{2} = 29967(\text{N})$$

(2)方法二:积分法。

如习题 2-22(b)图所示设立 y 轴,坐标原点位于铰轴 A 处,在闸门上取微元面积,在 y 方向的高度为 Δy,则此微元面积距离油面的距离为 $3 + y$,此微元面积所受压力为:

$$dP = [p_0 + \rho_\text{油} g(3 + y)] \times (1.2 \times dy)$$

此微元力与铰轴距离为 y,则力矩为:

$$dM = y dP$$
$$= y[p_0 + \rho_\text{油} g(3 + y)] \times (1.2 \times dy)$$

将此微元力矩对 y 从 0 到 2 积分后,即得左侧总压力力矩:

$$M = \int_0^2 y[p_0 + \rho_\text{油} g(3 + y)] \times (1.2 \times dy)$$
$$= [(0.6p_0 + 1.8\rho_\text{油} g)y^2 + 0.4\rho_\text{油} gy^3]\big|_0^2$$
$$= 2.4p_0 + 10.4\rho_\text{油} g$$

代入数值得:

$$M = 2.4 \times (-1.2 \times 10^{-5} \times 10^6) + 10.4 \times 8330 = 86603.2(\text{N} \cdot \text{m})$$

同理,右侧微元压力为:

$$dP = [\rho_\text{水} g(y - 0.2)] \times (1.2 \times dy)$$

微元面积对 A 点的力矩为:

$$dM = y dP = y\rho_\text{水} g(y - 0.2) \times (1.2 \times dy)$$

积分得力矩大小为:

$$M = \int_{0.2}^2 y\rho_\text{水} g(y - 0.2) \times (1.2 \times dy) = 26671.68(\text{N} \cdot \text{m})$$

设 B 点处水平力大小为 F,方向水平向左,则合力矩为:

$$M = M_1 + (-M_2) + (-F \times 2) = 0$$

代入数值后解得:

$$F = \frac{M_1 - M_2}{2} = \frac{86603.2 - 26671.68}{2} = 29966(\text{N})$$

第三章 流体动力学

流体动力学主要研究流体在运动过程中各流动参量之间的相互关系,以及引起运动的原因和流体对周围物体的影响规律。流体动力学包含流体运动学和流体动力学两个方面。本章研究的流线、迹线和伯努利方程等内容属于流体运动学,动量方程和动量矩方程属于流体动力学的范畴。

第一节 重点与难点解析

1. 拉格朗日法

拉格朗日法是一种研究流体运动的方法,这种方法着眼于每个流体质点的研究,研究每个流体质点运动的全部过程,它通过建立流体质点的运动方程来描述所有流体质点的运动特性,如流体质点的运动轨迹、速度、加速度等,所以又称"跟踪法"。

2. 欧拉法

欧拉法着眼于流场中的某个固定点,研究不同流体质点经过该点时的参数变化情况。由于欧拉法着眼于流场固定点,所以又叫"站岗法"。

3. 拉格朗日法与欧拉法的不同

拉格朗日法与欧拉法都是描述流场特征的方法,但其研究的思路是不同的,具体如下:

(1) 研究对象不同。拉格朗日法研究的是所有的流体质点,试图通过表述流体质点的运动过程来研究流场。为了标记不同的流体质点,拉格朗日法以初始时刻每个流体质点的空间坐标 (a,b,c) 来标识不同的流体质点。欧拉法研究的是空间坐标点,因此不需要标记流体质点。

(2) 自变量不同。由于两种方法研究的对象不同,导致了自变量的不同。拉格朗日法的自变量为拉格朗日算子 (a,b,c,t),即研究不同流体质点各参数在不同时间的变化规律,例如空间位置和速度的描述:

$$\left.\begin{array}{l} x = x(a,b,c,t) \\ y = y(a,b,c,t) \\ z = z(a,b,c,t) \end{array}\right\}$$

$$\left.\begin{aligned} u_x(a,b,c,t) &= \frac{\partial x(a,b,c,t)}{\partial t} \\ u_y(a,b,c,t) &= \frac{\partial y(a,b,c,t)}{\partial t} \\ u_z(a,b,c,t) &= \frac{\partial z(a,b,c,t)}{\partial t} \end{aligned}\right\}$$

欧拉法的自变量为空间位置坐标和时间 t，即（x,y,z,t）。流体运动参数可表示成空间位置坐标与时间的函数。例如速度分量为：

$$\left.\begin{aligned} u_x &= u_x(x,y,z,t) \\ u_y &= u_y(x,y,z,t) \\ u_z &= u_z(x,y,z,t) \end{aligned}\right\}$$

注意：拉格朗日法中的空间位置坐标（x,y,z）属于中间变量，而欧拉法中的空间位置坐标属于自变量。

（3）拉格朗日法需要跟踪大量的流体质点，因此比较困难和复杂。欧拉法易于求解，是研究流体运动规律常用的方法。

（4）加速度的表示方式不同。

拉格朗日法的加速度表示为：

$$\left.\begin{aligned} a_x(a,b,c,t) &= \frac{\partial^2 x(a,b,c,t)}{\partial t^2} \\ a_y(a,b,c,t) &= \frac{\partial^2 y(a,b,c,t)}{\partial t^2} \\ a_z(a,b,c,t) &= \frac{\partial^2 z(a,b,c,t)}{\partial t^2} \end{aligned}\right\}$$

欧拉法的加速度可表示为：

$$\left.\begin{aligned} \frac{\mathrm{d}u_x}{\mathrm{d}t} &= \frac{\partial u_x}{\partial t} + u_x\frac{\partial u_x}{\partial x} + u_y\frac{\partial u_x}{\partial y} + u_z\frac{\partial u_x}{\partial z} \\ \frac{\mathrm{d}u_y}{\mathrm{d}t} &= \frac{\partial u_y}{\partial t} + u_x\frac{\partial u_y}{\partial x} + u_y\frac{\partial u_y}{\partial y} + u_z\frac{\partial u_y}{\partial z} \\ \frac{\mathrm{d}u_z}{\mathrm{d}t} &= \frac{\partial u_z}{\partial t} + u_x\frac{\partial u_z}{\partial x} + u_y\frac{\partial u_z}{\partial y} + u_z\frac{\partial u_z}{\partial z} \end{aligned}\right\}$$

其中，$\frac{\partial u_x}{\partial t}$ 称为当地加速度，后三项之和称为迁移加速度，$\frac{\mathrm{d}u}{\mathrm{d}t}$ 表示流体质点的总体加速度，称为全加速度。

4. 稳定流动与非稳定流动

流场中任意固定点的流动参量不随时间变化的流动称为稳定流动。其数学表达式为：

$$\frac{\partial u_x}{\partial t} = \frac{\partial u_y}{\partial t} = \frac{\partial u_z}{\partial t} = 0, \quad \frac{\partial p}{\partial t} = 0, \quad \frac{\partial \rho}{\partial t} = 0$$

流场中任意固定点的流动参量随时间的变化而变化的流动，称为非稳定流动。

注意：（1）稳定流动与非稳定流动是针对流场而言的，对应于欧拉法。稳定流动是指流场空间中的固定点的参数不随时间变化，并非指流体质点的运动参数不随时间变化。（2）流动参量对时间而言是不变化的,对于空间而言可能变化。

5. 迹线的概念

同一流体质点在一段时间内的运动轨迹称为迹线。迹线对应于拉格朗日法,不同流体质点有不同的迹线。同一流体质点的迹线是固定的,与时间无关,但其运动位置与时间有关,是关于时间 t 的函数。

在给出流体速度的欧拉表示后,可以按照下面的微分方程式积分后求出迹线:

$$\frac{dx}{u_x} = \frac{dy}{u_y} = \frac{dz}{u_z} = dt$$

上式称为迹线微分方程式,对上式积分时,时间 t 是变量。

6. 流线的概念

某一瞬时,在流场中画出由不同流体质点组成的空间曲线,该曲线在空间中任一点的切线方向与流体在该点的速度方向一致,这条曲线即为流线。

流线的微分方程式为:

$$\frac{dx}{u_x} = \frac{dy}{u_y} = \frac{dz}{u_z}$$

对上式积分得到流线方程,在积分时,应将时间 t 看作常量。

7. 迹线与流线的性质

(1)稳定流动时,流线与迹线重合。如图 3-1(a)所示为时刻 t 时的流线,由于是稳定流动,所以流经流场各质点的速度是不变的。这就限制了编号为 1 的质点必然在 $t+\Delta t$ 时刻到达原来 2 质点所在位置,且与 t 时刻 2 质点的速度相同,如图 3-1(b)所示。也即后一质点始终沿着前一质点的轨迹流动,所以迹线与流线是重合的。

对于非稳定流动,当流场中各点的速度方向不随时间变化,而只是大小随时间变化时,流线与迹线仍是重合的。

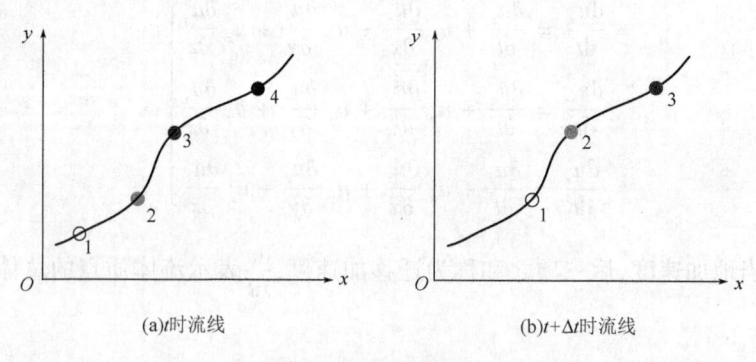

图 3-1 流线和迹线

(2)因为同一时刻流场中某一点的速度方向是唯一的,所以任意两条流线不能相交。

(3)流线密集的地方,表示该处的流速较大;流线稀疏的地方,表示该处流速较小。

8. 不可压缩流体

不可压缩流体是指流体的密度是常数,不随时间和空间变化,即:

$$\frac{\partial \rho}{\partial t} = \frac{\partial \rho}{\partial x} = \frac{\partial \rho}{\partial y} = \frac{\partial \rho}{\partial z} = 0$$

需要注意可压缩流体稳定流动与不可压缩流体的区别,可压缩流体稳定流动指流体的密度是可变的,但流场内各点的流体密度是不随时间变化的,即：

$$\frac{\partial \rho}{\partial t} = 0$$

9. 空间运动微分形式的连续方程

一般形式： $\dfrac{\partial \rho}{\partial t} + \dfrac{\partial (\rho u_x)}{\partial x} + \dfrac{\partial (\rho u_y)}{\partial y} + \dfrac{\partial (\rho u_z)}{\partial z} = 0$

稳定流动： $\dfrac{\partial (\rho u_x)}{\partial x} + \dfrac{\partial (\rho u_y)}{\partial y} + \dfrac{\partial (\rho u_z)}{\partial z} = 0$

不可压缩流体： $\dfrac{\partial u_x}{\partial x} + \dfrac{\partial u_y}{\partial y} + \dfrac{\partial u_z}{\partial z} = 0$

10. 理想流体运动微分方程

理想流体运动微分方程又称欧拉运动微分方程,它是描述理想流体流动的控制方程：

$$\left. \begin{aligned} \frac{du_x}{dt} &= f_x - \frac{1}{\rho}\frac{\partial p}{\partial x} \\ \frac{du_y}{dt} &= f_y - \frac{1}{\rho}\frac{\partial p}{\partial y} \\ \frac{du_z}{dt} &= f_z - \frac{1}{\rho}\frac{\partial p}{\partial z} \end{aligned} \right\}$$

理想流体运动微分方程是牛顿第二定律在流体力学中的运用,同时也是推导伯努利方程的基础。

11. 伯努利方程及其意义

质量力只有重力作用,稳定流动、理想不可压缩流体满足伯努利方程：

$$z + \frac{p}{\rho g} + \frac{u^2}{2g} = C$$

若令伯努利方程中的速度 u 等于 0,即可得到第二章中介绍的静力学基本方程。因此静力学基本方程是伯努利方程的特殊形式。其几何意义与物理意义为：

几何意义： z 为位置水头, $\dfrac{p}{\rho g}$ 为压力水头, $\dfrac{u^2}{2g}$ 为速度水头,它们的和称为总水头。伯努利方程的几何意义可表述为：理想不可压缩流体在重力作用下稳定流动时,沿同一流线上各点的总水头保持不变。

物理意义： z 是单位流体所具有的势能,称为比势能； $\dfrac{p}{\rho g}$ 为比压能； $\dfrac{u^2}{2g}$ 为比动能。所以伯努利方程的物理意义可表述为：理想不可压缩流体在重力作用下稳定流动时,沿同一流线上各点的单位质量流体所具有的机械能保持不变。伯努利方程是能量守恒定律在流体力学中的表现形式。

在应用伯努利方程解决问题时,需要注意：

(1)首先确定基准面,之后才能确定 z 的值。基准面的位置不会对结果造成影响,但恰当的基准面位置能够使解题过程更简单。

(2)压强 p 可以是绝对压力也可以是相对压力(表压),当流体与大气相接触时,表压为 0。

12.动量方程

流体力学中的动量方程为:

$$\left.\begin{array}{l}\sum F_x = Q_m(u_{2x} - u_{1x}) \\ \sum F_y = Q_m(u_{2y} - u_{1y}) \\ \sum F_z = Q_m(u_{2z} - u_{1z})\end{array}\right\}$$

动量方程表明控制体内流体所受外力的矢量和在某方向的分量等于单位时间内在该方向流出与流入控制体的动量差。动量方程对理想流体、实际流体和可压缩流体均适用。

第二节 典型例题精讲

【例3-1】 已知不可压缩流体平面流动的速度场为 $u_x = xt + 2y, u_y = xt^2 - yt$。试求在时刻 $t = 1$s 时点 $(1, 2)$ 处流体的加速度。

【分析】 研究流场有拉格朗日法和欧拉法两种基本方法。两种研究方法的研究对象不同,导致了其方程自变量也不同。从本题可以看出 x、y 两个方向的速度都是 (x, y, t) 的函数,可见这是欧拉法的表述形式。根据欧拉法的加速度表达式,可以求得流场内任一位置、任一时刻的加速度值。

解: 首先根据欧拉法加速度表达式求得加速度分量:

$$\begin{aligned}\frac{du_x}{dt} &= \frac{\partial u_x}{\partial t} + u_x \frac{\partial u_x}{\partial x} + u_y \frac{\partial u_x}{\partial y} \\ &= x + (xt + 2y) \cdot t + (xt^2 - yt) \cdot 2 \\ &= x + 3xt^2\end{aligned}$$

$$\begin{aligned}\frac{du_y}{dt} &= \frac{\partial u_y}{\partial t} + u_x \frac{\partial u_y}{\partial x} + u_y \frac{\partial u_y}{\partial y} \\ &= (2xt - y) + (xt + 2y) \cdot t^2 + (xt^2 - yt) \cdot (-t) \\ &= 2xt - y + 3yt^2\end{aligned}$$

将 $t = 1, x = 1, y = 2$ 代入上面的加速度表达式,得到:

$$\frac{du_x}{dt} = x + 3xt^2 = 4\text{m/s}^2$$

$$\frac{du_y}{dt} = 2xt - y + 3yt^2 = 6\text{m/s}^2$$

【例3-2】 已知变径管的大管直径 $D_1 = 40$mm,小管直径 $D_2 = 20$mm,其中大管内过流断面上的速度分布为 $u = 4 - 10000r^2$(式中 r 表示某点所在的半径,以 m 计,u 单位为 m/s),试求管中流量及小管中的平均速度。

【分析】 已知过流断面上的流速分布求流量,需要用到积分方法。积分的基本思想为分割、求和以及取极限。对于管道的圆形截面,需要将其分割为无数个微小圆环,对于每一个微小圆环内部流速是定值,求得微小圆环的流量,再求和(即求积分)即可求得整个管道的流量。由于小管与大管串联,因此大管流量与小管流量相等,平均流速等于流量除以流通截面积。

解：如例3-2图所示，在大管内部取一圆环，该圆环半径为r，圆环宽度为dr，由于dr很小，因此可以认为环形内部的流速为定值，即$u(r)=4-10000r^2$，此圆环通过的流体流量为：

$$dQ = u(r)2\pi r dr = 2\pi r dr(4-10000r^2)$$

整个管道内的总流量为：

$$Q = \int_0^R u(r)2\pi r dr$$
$$= \int_0^{0.02}(8\pi r - 20000\pi r^3)dr$$
$$= (4\pi r^2 - 5000\pi r^4)\Big|_0^{0.02}$$
$$= 0.0025(\text{m}^3/\text{s})$$

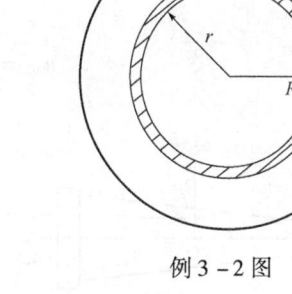

例3-2图

小管内的平均流速等于其流量除以截面积：

$$\bar{u} = \frac{0.0025}{\pi \times 0.01^2} = 7.96(\text{m/s})$$

【例3-3】 不可压缩黏性流体圆管中某断面速度分布为$u=10(1-r^2/R^2)$，单位为m/s，其中圆管半径$R=0.5$m，试求管内流体的流量、此断面上流体的最大流速和断面平均流速。

【分析】 此题与例3-2相似，都是根据管内流速分布求流量，应采用积分法。

解：管内平均流速为：

$$Q = \int_0^R u(r)2\pi r dr$$
$$= \int_0^{0.5} 2\pi r[10(1-r^2/R^2)]dr$$
$$= \left(10\pi r^2 - \frac{5\pi r^4}{R^2}\right)\Big|_0^{0.5}$$
$$= 3.93(\text{m}^3/\text{s})$$

根据流速计算式可知，管内流速呈抛物线形分布，当$r=0$时，流速最大，此时$u_{max}=10$m/s。平均流速等于流量除以管道截面积：

$$\bar{u} = \frac{Q}{A} = \frac{3.93}{\pi \times 0.5^2} = 5(\text{m/s})$$

【提示】 对于圆管内抛物线形的流速分布，其平均流速等于最大流速的二分之一。

【例3-4】 如例3-4图所示，管路在B点分为两支，已知$D_A=45$cm，$D_B=30$cm，$D_C=20$cm，$D_D=15$cm，$u_A=2$m/s，$u_C=4$m/s，试求u_B。

例3-4图

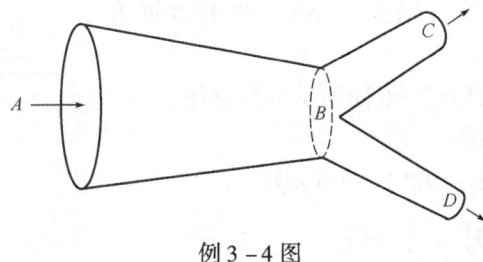

解:根据连续性方程,可得 A 截面和 B 截面流量相等,根据流量公式:

$$u_A \frac{\pi D_A^2}{4} = u_B \frac{\pi D_B^2}{4}$$

得到:

$$u_B = \frac{D_A^2}{D_B^2} u_A = \frac{45^2}{30^2} \times 2 = 4.5 (\text{m/s})$$

【**例3-5**】 如例3-5图所示,消防队员利用消火唧筒熄灭火焰,消火唧筒出口直径 $d = 1\text{cm}$,入口直径 $D = 5\text{cm}$,从消火唧筒射出的流速 $v = 20\text{m/s}$。求消防队员手握住消火唧筒所需要的力。(设唧筒水头损失为 1m)

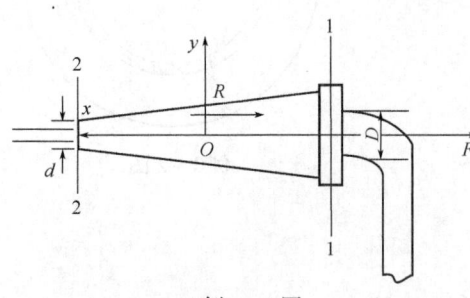

解:选取消火唧筒的出口断面和入口断面与管壁围成的空间为控制体,建立如图所示坐标系。

例3-5图

列1-1和2-2断面的伯努利方程:

$$\frac{p_1}{\rho g} + \frac{v_1^2}{2g} = \frac{v_2^2}{2g} + 1$$

其中:

$$v_1 = v_2 \frac{d^2}{D^2} = 20 \times \frac{0.01^2}{0.05^2} = 0.8 (\text{m/s})$$

$$p_1 = \frac{v_2^2 - v_1^2}{2} \rho + \rho g = \frac{20^2 - 0.8^2}{2} \times 1000 + 9800 = 209.48 \times 10^3 (\text{Pa})$$

得:

$$P_1 = p_1 \frac{1}{4} \pi D^2 = 209.48 \times 10^3 \times \frac{1}{4} \times 3.14 \times 0.05^2 = 411.1 (\text{N})$$

列 x 方向的动量方程:

$$P_1 - R = \rho Q v_2 - \rho Q v_1$$

解得:

$$P_1 - R = \rho Q v_2 - \rho Q v_1$$
$$R = P_1 - \rho Q (v_2 - v_1)$$
$$= 411.1 - 1000 \times 0.8 \times \frac{1}{4} \times 3.14 \times 0.05^2 \times (20 - 0.8)$$
$$= 381 (\text{N})$$

【**例3-6**】 如例3-6图所示,水射流以 19.8m/s 的速度从直径 $d = 0.1\text{m}$ 的喷口射出,冲击一个固定的对称叶片,叶片的转角 $\alpha = 135°$,求射流对叶片的冲击力。若叶片以 12m/s 的速度后退,而喷口仍固定不动,冲击力将为多大?

解:建立坐标系,选取如例3-6图所示的控制体。

(1)列 x 方向的动量方程:

$$F = 2\rho Q_0 v \cos(\alpha - 90°) - (-\rho Q v)$$

其中:

$$Q = 2Q_0 = \frac{1}{4} \pi d^2 v$$

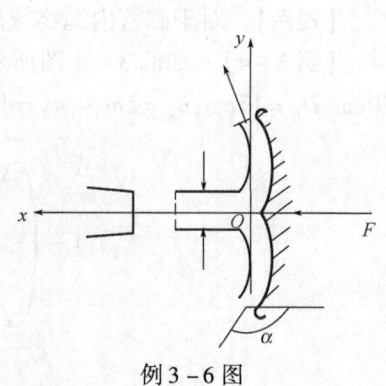

例3-6图

则：
$$F = \rho v^2 \times \frac{1}{4}\pi d^2 \times (1 + \cos 45°)$$
$$= 1000 \times 19.8^2 \times \frac{1}{4} \times 3.14 \times 0.1^2 \times \left(1 + \frac{\sqrt{2}}{2}\right)$$
$$= 5254(N)$$

射流对叶片的冲击力：$T = -F = -5254N$

(2) 若叶片以 12m/s 的速度后退，因坐标系建立在叶片上，故水流撞击叶片前的速度为 $v = 19.8 - 12 = 7.8(m/s)$，代入上式得：
$$F = \rho v^2 \times \frac{1}{4}\pi d^2 \times (1 + \cos 45°)$$
$$= 1000 \times 7.8^2 \times \frac{1}{4} \times 3.14 \times 0.1^2 \times \left(1 + \frac{\sqrt{2}}{2}\right)$$
$$= 815(N)$$

射流对叶片的冲击力：$T = -F = -815N$

第三节　课后习题详解

【3-1】 拉格朗日法与欧拉法有什么不同。

【分析】 首先应从概念阐述两种方法的侧重点，然后再从不同角度入手，分析两种方法的不同。

解：略，详见"重点与难点解析"中的"3. 拉格朗日法与欧拉法的不同"。

【3-2】 以下方程中，哪个表示可能的三维不可压缩流动？

(1) $u_x = -x + y + z^2, u_y = x + y + z, u_z = 2xy + y^2 + 4$

(2) $u_x = x^2 yzt, u_y = -xy^2 zt, u_z = z^2(xt^2 - yt)$

【分析】 对于不可压缩流体的流动，应满足不可压缩流体的连续性方程。

解：对于式(1)中的流动有：
$$\frac{\partial u_x}{\partial x} = -1, \frac{\partial u_y}{\partial y} = 1, \frac{\partial u_z}{\partial z} = 0$$

得到：
$$\frac{\partial u_x}{\partial x} + \frac{\partial u_y}{\partial y} + \frac{\partial u_z}{\partial z} = 0$$

所以此流动可能为三维不可压缩流动。

对于式(2)，依次对速度求偏导数有：
$$\frac{\partial u_x}{\partial x} = 2xyzt, \frac{\partial u_y}{\partial y} = -2xyzt, \frac{\partial u_z}{\partial z} = 2z(xt^2 - yt)$$

$$\frac{\partial u_x}{\partial x} + \frac{\partial u_y}{\partial y} + \frac{\partial u_z}{\partial z} = 2z(xt^2 - yt) \neq 0$$

此流动为非不可压缩流动。

【3-3】有两个不可压缩流体连续流场：(1) $u_x = ax^2 + by$；(2) $u_x = e^{-x}\cos by + 1$。求 u_y。

解：对于(1)流场有：
$$\frac{\partial u_x}{\partial x} = 2ax$$

因为是不可压缩流体的二维流动，所以：
$$\frac{\partial u_x}{\partial x} + \frac{\partial u_y}{\partial y} = 0$$

即：
$$\frac{\partial u_y}{\partial y} = -2ax$$

将上式对 y 积分后得到：
$$u_y = -2axy + \varphi(x)$$

其中，$\varphi(x)$ 是关于 x 的未定函数。

同理，对于(2)流场有：
$$\frac{\partial u_x}{\partial x} = -\mathrm{e}^{-x}\cos by$$

根据不可压缩流体连续性方程得到：
$$\frac{\partial u_y}{\partial y} = \mathrm{e}^{-x}\cos by$$

两边积分得到：
$$u_y = \frac{\mathrm{e}^{-x}\sin by}{b} + \psi(x)$$

其中，$\psi(x)$ 是关于 x 的未定函数。

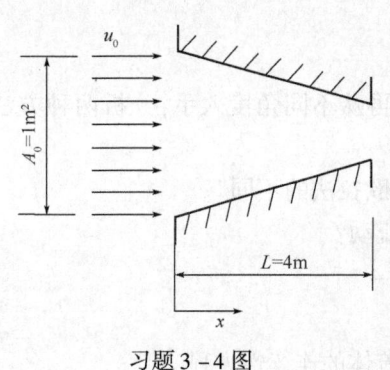

【3-4】 假设不可压缩流体通过喷嘴时的流动如习题 3-4 图所示。喷嘴面积为 $A = A_0(1-0.1x)$，入口速度为 $u_0 = 10(1+2t)$，该流动可假设为一维流动，求 $t = 0.05\mathrm{s}$ 时，在 $x = L/2$ 处的流体质点的加速度。

【分析】 题目要求计算流场中某点的加速度，显然是用欧拉法研究流场问题。应用欧拉法必须求得速度随空间位置和时间的函数关系。

习题 3-4 图

解：根据连续性方程：
$$u_0 A_0 = uA$$

求得在 t 时刻、x 处喷嘴的速度为：
$$u(x) = \frac{10(1+2t)}{1-0.1x}$$

根据欧拉法求加速度的公式有：
$$a(x) = \frac{\partial u_x}{\partial t} + u_x \frac{\partial u_x}{\partial x}$$

$$= \frac{20}{1-0.1x} + \frac{10(1+2t)}{1-0.1x} \cdot \left[-\frac{10(1+2t)}{(1-0.1x)^2}\right] \cdot (-0.1)$$

$$= \frac{20}{1-0.1x} + \frac{10(1+2t)^2}{(1-0.1x)^3}$$

将 $x = 2\mathrm{m}$、$t = 0.05\mathrm{s}$ 代入上式得：
$$a(x) = \frac{20}{1-0.1x} + \frac{10(1+2t)^2}{(1-0.1x)^3} = 48.6(\mathrm{m/s^2})$$

[3-5] 如习题 3-5 图所示,大管直径 $D_1 = 0.04\text{m}$,小管直径 $D_2 = 0.02\text{m}$,已知大管中过流断面上的速度分布为 $u = 4 - 10000 r^2$ (r 表示半径,单位为 m,u 的单位为 m/s),试求管中流量及小管中的平均流速。

【分析】 本题包含两个知识点,一是根据流速分布求平均流速,二是一维流动的连续性方程。

解: 由流量的积分式

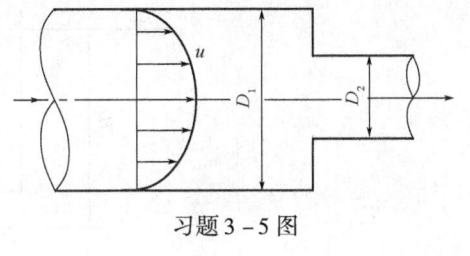

$$Q = \int_A u \mathrm{d}A = \int_A u \mathrm{d}(\pi r^2) = 2\pi \int_0^R u(r) r \mathrm{d}r$$

得管中流量为:

$$\begin{aligned} Q &= 2\pi \int_0^{0.02} (4 - 10000 r^2) r \mathrm{d}r \\ &= 2\pi (2 r^2 - 2500 r^4) \Big|_0^{0.02} \\ &= 2.513 \times 10^{-3} (\text{m}^3/\text{s}) \end{aligned}$$

小管中平均流速为:

$$u_2 = \frac{Q}{A} = \frac{4Q}{\pi d^2} = \frac{4 \times 2.513 \times 10^{-3}}{\pi \times 0.02^2} = 8(\text{m/s})$$

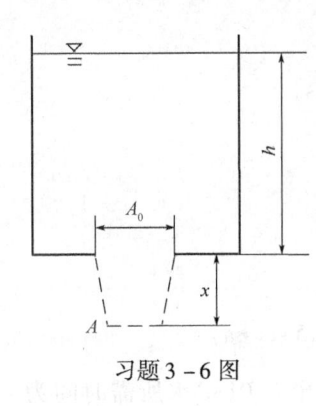

[3-6] 水箱下部开孔面积为 A_0,箱中恒定水位高度为 h,水箱面积甚大,其中流速可以忽略,如习题 3-6 图所示,不计阻力,试求由孔口流出的水流断面 A 与其位置 x 的关系。

【分析】 重力作用下的理想不可压缩流体的稳定流动满足伯努利方程,与空气接触的流体其压力等于大气压,即表压力为 0。

解: 以水箱底部为基准面,对水面→底部开孔处应用伯努利方程:

$$h + \frac{0}{\rho g} + \frac{0^2}{2g} = 0 + \frac{0}{\rho g} + \frac{u_0^2}{2g}$$

解得:

$$u_0 = \sqrt{2gh}$$

以位置 x 处为基准面,对水面→x 处应用伯努利方程:

$$x + h + \frac{0}{\rho g} + \frac{0^2}{2g} = 0 + \frac{0}{\rho g} + \frac{u^2}{2g}$$

解得:

$$u = \sqrt{2g(x+h)}$$

由流体流动的连续性定理有: $A_0 u_0 = A u$

解得孔口流出的水流断面 A 与其位置 x 的关系:

$$A = \frac{A_0 u_0}{u} = A_0 \sqrt{\frac{h}{x+h}}$$

[3-7] 如习题 3-7 图所示,液体自水箱沿变截面圆管流入大气,已知 $d_1 = 0.06\text{m}$,$d_2 = 0.04\text{m}$,$d_3 = 0.03\text{m}$,忽略损失,求流量 $Q = 1.5 \times 10^{-3} \text{m}^3/\text{s}$ 时所必需的水头高 H 及 M 点的压强。

习题 3-7 图

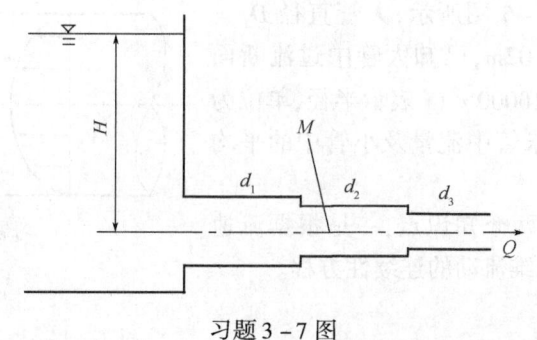

【分析】 考查伯努利方程的应用。关键在于怎么选取适当的研究区间。

解：圆管出口处的流速

$$u_3 = \frac{4Q}{\pi d_3^2} = \frac{4 \times 1.5 \times 10^{-3}}{\pi \times 0.03^2} = 2.122 \text{(m/s)}$$

以圆管中心线为基准面，在水面→圆管出口上应用伯努利方程：

$$H + \frac{0}{\rho g} + \frac{0^2}{2g} = 0 + \frac{0}{\rho g} + \frac{u_3^2}{2g}$$

解得：

$$H = \frac{u_3^2}{2g} = \frac{2.122^2}{2 \times 9.8} = 0.23 \text{(m)}$$

根据连续性方程得 M 处的流速为：

$$u_2 = \frac{u_3 A_3}{A_2} = \frac{2.122 \times \pi \times 0.03^2}{\pi \times 0.04^2} = 1.194 \text{(m/s)}$$

对水面→M 点应用伯努利方程：

$$H + \frac{0}{\rho g} + \frac{0^2}{2g} = 0 + \frac{p_2}{\rho g} + \frac{u_2^2}{2g}$$

解得 M 点的相对压强为：

$$p_2 = \rho g H - \frac{\rho u_2^2}{2} = 9800 \times 0.23 - \frac{1000 \times 1.194^2}{2} = 1541 \text{(Pa)}$$

【3-8】 用实验方法测得从直径 $d = 10\text{mm}$ 的圆孔出流时，流出 0.01m^3 水所需时间为 30s，容器液面到孔口轴线的距离为 2.1m，收缩断面直径 $d_c = 8\text{mm}$，试求收缩系数、流速系数、流量系数。

【分析】 本题考查管嘴出流的基本概念。收缩系数指收缩断面的面积与孔口面积之比。流速系数是实际流速和理想流速之比。流量系数是实际流量与理想流量之比，等于流速系数与收缩系数之积。

解：收缩系数为：

$$\varepsilon = \frac{A_c}{A_0} = \frac{\pi d_c^2}{\pi d^2} = \frac{8^2}{10^2} = 0.64$$

流量系数为：

$$\mu = \frac{Q_{实}}{Q_{理}} = \frac{Q_{实}}{A_0 \sqrt{2gh}} = \frac{\frac{0.01}{30}}{\frac{\pi}{4} \times 0.01^2 \times \sqrt{2 \times 9.8 \times 2.1}} = 0.66$$

流速系数为：

$$\varphi = \frac{\mu}{\varepsilon} = \frac{0.66}{0.64} = 1.03$$

— 54 —

【3-9】 如习题3-9图所示，为了测量石油管道的流量，安装文丘里流量计，管道直径 $d_1=0.2\text{m}$，流量计喉管直径 $d_2=0.1\text{m}$，石油密度 $\rho=850\text{kg/m}^3$，流量计流量系数 $\mu=0.95$。现测得水银压差计读数 $h_p=150\text{mm}$，试求此时管中流量 Q 是多少？

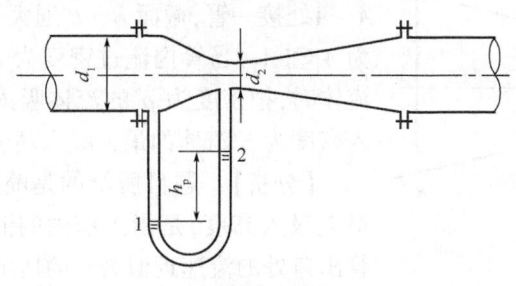

习题3-9图

【分析】 考查文丘里流量计测量原理和流量计流量系数的概念。

解： 首先求1、2两处压差：

$$p_1 - p_2 = (\rho_{\text{Hg}} - \rho_{\text{Oil}})gh_p$$
$$= (13600 - 850) \times 9.8 \times 0.15$$
$$= 18742.5(\text{Pa})$$

管内流量为：

$$Q = \mu A_2 \sqrt{\frac{2(p_1-p_2)}{\rho}}$$
$$= 0.95 \times \frac{\pi d_2^2}{4} \times \sqrt{\frac{2 \times 18742.5}{850}}$$
$$= 0.049(\text{m}^3/\text{s})$$

【3-10】 如习题3-10图所示，水箱中的水从一扩散短管流到大气中。直径 $d_1=100\text{mm}$，该处绝对压强 $p_1=0.5\text{at}$，直径 $d_2=150\text{mm}$。不计水头损失，求 h_0。

【分析】 在计算水面高度时，应先确定伯努利方程的计算过程。若从水面→2列伯努利方程，需首先知道2截面的流速。若从水面→1列伯努利方程，需首先知道1截面的流速。因此求 h_0，首先应求出管内流速。

习题3-10图

解： 列1→2的伯努利方程：

$$0 + \frac{p_1}{\rho g} + \frac{u_1^2}{2g} = 0 + \frac{p_a}{\rho g} + \frac{u_2^2}{2g}$$

根据连续性方程，得到速度 u_1 与 u_2 之间的关系为：

$$u_1 = \frac{9}{4}u_2$$

代入上式解得：

$$u_2 = 5.1\text{m/s}$$

以扩散短管中心线为基准面，列水自由液面→2截面的伯努利方程：

$$h_0 + \frac{p_a}{\rho g} + \frac{0^2}{2g} = 0 + \frac{p_a}{\rho g} + \frac{u_2^2}{2g}$$

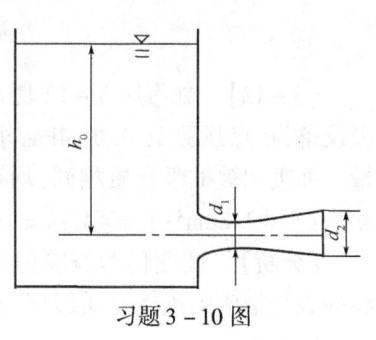

— 55 —

解得:
$$h_0 = \frac{u_2^2}{2g} = \frac{5.1^2}{2 \times 9.8} = 1.327(\text{m})$$

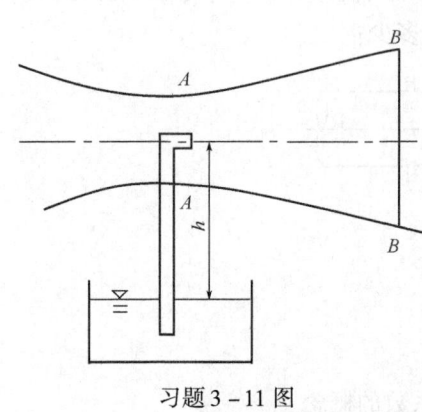

【3-11】 习题 3-11 图为一变截面管道,在截面 $A-A$ 处接一管,截面 $B-B$ 通大气,两截面的截面积分别为 A_1 和 A_2,当管内流过密度为 ρ、流量为 Q 的不可压缩流体时,把密度为 ρ' 的流体吸入管道,试求管道内能吸入密度为 ρ' 流体的最大吸入高度 h。

【分析】 题目所给的是喷射泵的理论模型。所谓最大吸入高度,是指当槽内的液体缓慢流入吸管,在吸管出口处的流速近似为 0 的情况。列水面到吸管出口的伯努利方程应首先求得 $A-A$ 截面的压强。

习题 3-11 图

解: 首先列 $A-A \to B-B$ 截面的伯努利方程:
$$0 + \frac{p_A}{\rho g} + \frac{u_A^2}{2g} = 0 + \frac{0}{\rho g} + \frac{u_B^2}{2g}$$

将 $u_A = \frac{Q}{A_1}, u_B = \frac{Q}{A_2}$ 代入上式得:
$$p_A = \frac{\rho Q^2}{2}\left(\frac{1}{A_2^2} - \frac{1}{A_1^2}\right)$$

列水槽内水面→吸管出口的伯努利方程:
$$0 + \frac{0}{\rho' g} + \frac{0^2}{2g} = h + \frac{p_A}{\rho' g} + \frac{0^2}{2g}$$

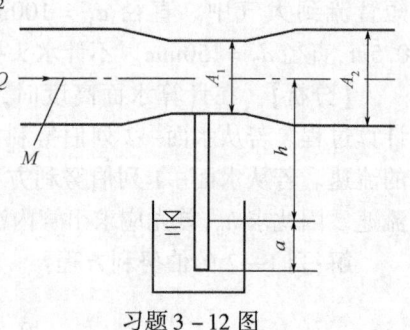

求得管道内能吸入密度为 ρ' 流体的最大吸入高度 h 为:
$$h = -\frac{p_A}{\rho' g} = \frac{\rho Q^2}{2\rho' g}\left(\frac{1}{A_1^2} - \frac{1}{A_2^2}\right)$$

【3-12】 如习题 3-12 图所示为一水平放置的抽吸设备,M 点压强为 0.01MPa,求开始能够抽吸时的流量。抽吸和被抽吸介质相同,均视为理想流体。设备尺寸为: $A_1 = 3.2\text{cm}^2$;$A_2 = 4A_1$;$h = 1\text{m}$;$a = 0.6\text{m}$。

【分析】 此题仍考查喷射泵的工作原理。开始能够抽吸是指槽内流体介质缓慢地流入吸管,在出口处流速近似为 0。

习题 3-12 图

解: 列 M 点到 A_1 处的伯努利方程:
$$0 + \frac{p_M}{\rho g} + \frac{u_2^2}{2g} = 0 + \frac{p_1}{\rho g} + \frac{u_1^2}{2g}$$

将 $u_1 = \frac{Q}{A_1}, u_2 = \frac{Q}{A_2}$ 代入上式后得到:
$$\frac{p_1}{\rho g} = \frac{p_M}{\rho g} + \frac{Q^2}{2g}\left(\frac{1}{A_2^2} - \frac{1}{A_1^2}\right)$$

再列槽内自由液面到吸管出口的伯努利方程:
$$0 + \frac{0}{\rho g} + \frac{0^2}{2g} = h + \frac{p_1}{\rho g} + \frac{0^2}{2g}$$

将 $\dfrac{p_1}{\rho g}$ 代入上式：
$$0 = h + \dfrac{p_M}{\rho g} + \dfrac{Q^2}{2g}\left(\dfrac{1}{A_2^{\,2}} - \dfrac{1}{A_1^{\,2}}\right)$$

解得最小流量为：
$$Q = \sqrt{\dfrac{2g\left(h + \dfrac{p_M}{\rho g}\right)}{\dfrac{1}{A_1^{\,2}} - \dfrac{1}{A_2^{\,2}}}}$$

【3-13】 如习题 3-13 图所示，水流经过 60° 渐细弯头。已知 A 处管径 $D_A = 0.35\text{m}$，B 处的管径 $D_B = 0.12\text{m}$，通过的流量为 $0.08\text{m}^3/\text{s}$，B 处的压强 p_B 为 1.8 大气压。设弯头在同一水平面上，不计摩擦力，求弯头所受推力为多少？

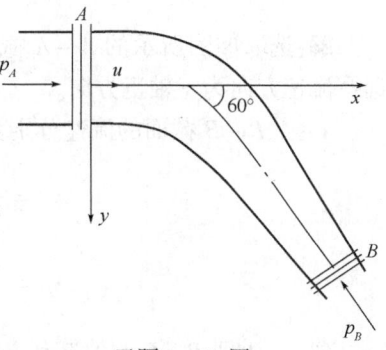

【分析】 考查动量定理，解题关键是选择控制体和坐标系。

解：选取 A、B 处垂直于管道轴线的截面和管壁内表面组成的封闭空间为控制体，建立如图所示坐标系。

习题 3-13 图

A、B 截面的平均流速为：
$$u_A = \dfrac{4Q}{\pi D_A^{\,2}} = \dfrac{4 \times 0.08}{\pi \times 0.35^2} = 0.83(\text{m/s})$$

$$u_B = \dfrac{4Q}{\pi D_B^{\,2}} = \dfrac{4 \times 0.08}{\pi \times 0.12^2} = 7.07(\text{m/s})$$

列 A 截面到 B 截面的伯努利方程得到：
$$0 + \dfrac{p_A}{\rho g} + \dfrac{u_A^{\,2}}{2g} = 0 + \dfrac{p_B}{\rho g} + \dfrac{u_B^{\,2}}{2g}$$

代入数值后解得： $p_A = 206988\text{Pa}$

设弯头对流体的推力在水平方向的分量为 F_x，在竖直方向的分量为 F_y，方向均假设沿坐标轴正方向。在 x 和 y 方向上应用动量定理得：
$$p_A A_A + F_x - p_B A_B \cos 60° = \rho Q(u_B \cos 60° - u_A)$$
$$F_y - p_B A_B \sin 60° = \rho Q(u_B \sin 60° - 0)$$

解得： $F_x = -18685\text{N}, F_y = 2276\text{N}$

弯头所受流体推力与流体对弯头的作用力互为作用力与反作用力，其大小相等、方向相反，所以弯头所受流体的力为：
$$R_x = 18685\text{N}, R_y = -2276\text{N}$$

其中，负号表示流体对弯头作用力在 y 方向分量沿 y 轴负方向。

总作用力大小为： $R = \sqrt{R_x^{\,2} + R_y^{\,2}} = \sqrt{18685^2 + 2276^2} = 18823(\text{N})$

【3-14】 如习题 3-14 图所示，嵌入支座的一段输水管，其直径由 $d_1 = 1.2\text{m}$ 变化到 $d_2 = 0.8\text{m}$，支座前压强 $p_1 = 4\text{at}$，流量 $Q = 1.8\text{m}^3/\text{s}$，试确定渐缩段支座所承受的轴向力。

【分析】 考查动量定理的应用。选择控制体后，确定坐标轴。在列动量方程之前，先列伯努利方程求出压强。

习题 3-14 图

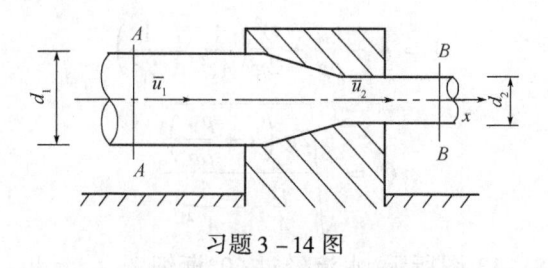

解：选取如图所示的 $A-A$ 截面、$B-B$ 截面和变径管内表面围成的封闭空间为控制体。选择流速方向为 x 轴正方向。

$A-A$、$B-B$ 截面的流速分别为：

$$u_1 = \frac{4Q}{\pi d_1^2} = \frac{4 \times 1.8}{\pi \times 1.2^2} = 1.59 (\text{m/s})$$

$$u_2 = \frac{4Q}{\pi d_2^2} = \frac{4 \times 1.8}{\pi \times 0.8^2} = 3.58 (\text{m/s})$$

列 $A-A$ 到 $B-B$ 的伯努利方程：

$$0 + \frac{p_1}{\rho g} + \frac{u_1^2}{2g} = 0 + \frac{p_2}{\rho g} + \frac{u_2^2}{2g}$$

解得： $p_2 = 386855 \text{Pa}$

设支座对流体的作用力为 F_x，方向沿 x 轴正向，根据动量方程有：

$$p_1 A_A + F_x - p_2 A_B = \rho Q (u_B - u_A)$$

代入数值后解得： $F_x = -245.3 \text{KN}$

流体对支座的作用力为： $R_x = 245.3 \text{KN}$

方向沿流速方向。

【3-15】 如习题 3-15 图所示，油从高压油罐经一喷嘴流出，喷嘴用法兰盘与管路连接，并用螺栓固定。已知：$p_0 = 2 \times 10^5 \text{Pa}$，$h = 3\text{m}$，管道直径 $d_1 = 50\text{mm}$，喷嘴出口直径 $d_2 = 20\text{mm}$，油的密度 $\rho = 850 \text{kg/m}^3$，求螺栓所受拉力 F。

解：选择 1-1 截面、2-2 截面和喷嘴内表面组成的封闭空间为控制体，选择流速方向为正方向。

习题 3-15 图

列 0-0 到 2-2 截面的伯努利方程：

$$h + \frac{p_0}{\rho g} + \frac{0^2}{2g} = 0 + \frac{0}{\rho g} + \frac{u_2^2}{2g}$$

解得： $$u_2 = \sqrt{2g\left(h + \frac{p_0}{\rho g}\right)} = 23 (\text{m/s})$$

油品流量： $$Q = \frac{\pi d_2^2}{4} u_2 = \frac{\pi \times 0.02^2}{4} \times 23 = 0.0072 (\text{m}^2/\text{s})$$

1-1 截面的流速： $$u_1 = \frac{4Q}{\pi d_1^2} = \frac{4 \times 0.0072}{\pi \times 0.05^2} = 3.68 (\text{m/s})$$

列 1-1 到 2-2 的伯努利方程：

$$0 + \frac{p_1}{\rho g} + \frac{u_1^2}{2g} = 0 + \frac{0}{\rho g} + \frac{u_2^2}{2g}$$

解得 1-1 截面的相对压强为：

$$p_1 = \frac{\rho}{2}(u_2^2 - u_1^2) = 219069.48\text{Pa}$$

设控制体对流体的作用力为 F_x，方向沿正方向。对控制体应用动量定理得：

$$p_1 A_1 + F_x = \rho Q(u_2 - u_1)$$

解得：
$$F_x = -312\text{N}$$

螺栓所受拉力：
$$F = -F_x = 312\text{N}$$

【3-16】 如习题 3-16 图所示，水平方向射流，流量 $Q = 36\text{L/s}$，流速 $u = 30\text{m/s}$，受垂直于射流轴线方向的平板的阻挡，截去流量 $Q_1 = 12\text{L/s}$，并引起射流其余部分偏转，不计射流在平板上的阻力，试求射流的偏转角 θ 及对平板的作用力。

【分析】 选取控制体时应将分流包含在内。流出控制体的动量应包含两部分。

解： 平板射流流量为：
$$Q_2 = Q - Q_1 = 36 - 12 = 24(\text{L})$$

由于整个流体空间与大气相接触，所以相对压强均为 0。

习题 3-16 图

列入口到 u_2 出口的伯努利方程：

$$0 + \frac{0}{\rho g} + \frac{u^2}{2g} = 0 + \frac{0}{\rho g} + \frac{u_2^2}{2g}$$

解得：
$$u_2 = u$$

同理列入口到 u_1 出口的伯努利方程可得：
$$u_1 = u$$

选择如图所示的坐标系，在 y 方向分别应用动量定理：

$$0 = -\rho u_1 Q_1 + \rho u_2 Q_2 \sin\theta$$

解得：
$$\theta = \arcsin\frac{Q_1}{Q_2} = 30°$$

再在 x 方向分别应用动量定理：

$$-F = \rho u_2 Q_2 \cos\theta - \rho u Q$$

解得：
$$F = 456.46\text{N}$$

【3-17】 如习题 3-17 图所示，水由水箱 1 经圆滑无阻力的孔口水平射出冲击到一平板上，平板封盖着另一水箱 2 的孔口，水箱 1 中水位高为 h_1，水箱 2 中水位高为 h_2，两孔口中心重合，而且 $d_1 = 1/2 d_2$，当 h_1 已知时，求 h_2 高度。

解： 选取水箱 1 孔口截面与平板之间的水流作为控制体。

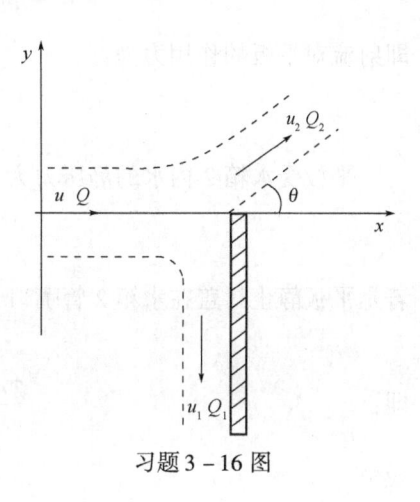

习题 3-17 图

由伯努利方程得到孔口出流速度为:
$$u_1 = \sqrt{2gh_1}$$

设平板对控制体的力大小为 F,方向指向控制体。以水平向右为正方向,则可列控制体在水平方向的动量方程:
$$-F = 0 - \rho u_1 Q$$

解得平板对控制体的作用力为:
$$F = \rho u_1 Q = \rho u_1^2 \frac{\pi d_1^2}{4} = \frac{\pi \rho g h_1 d_1^2}{2}$$

即射流对平板的作用力为:
$$R = \frac{\pi \rho g h_1 d_1^2}{2}$$

平板受水箱 2 内水的静压力为:
$$P = \frac{\pi d_2^2}{4} \rho g h_2$$

若是平板静止封盖在水箱 2 管嘴口,则应满足:
$$R > P$$

即:
$$\frac{\pi \rho g h_1 d_1^2}{2} > \frac{\pi (2d_1)^2 \rho g h_2}{4}$$

解得:
$$h_2 < \frac{h_1}{2}$$

即水箱 2 内水的最大高度为:
$$h_2 = \frac{h_1}{2}$$

【3-18】 矩形断面的平底渠道,其宽度 $B = 2.7$ m,渠底在某断面处抬高 0.5 m,抬高前的水深为 2 m,抬高后的水面降低 0.15 m,如忽略边壁和底部阻力,试求:

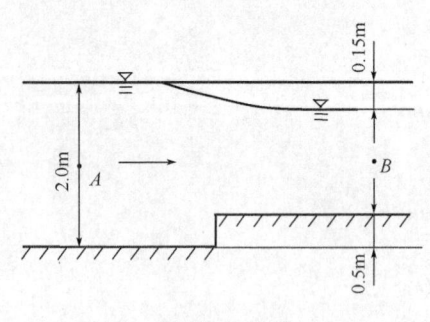

(1)渠道的流量;

(2)水流对底坎的推力 R。

【分析】 由静力学可知,矩形截面的速度和压强均可用几何中心处的速度、压强近似代替。在此基础上,方可应用伯努利方程和动量方程求解本题。

解: 如习题 3-18 图所示,A、B 两点均为水渠矩形截面的中心点。

习题 3-18 图

A 点压强为:
$$p_A = \rho g \times 1 = 9800 \text{ (Pa)}$$

B 点压强为:
$$p_B = \rho g \times \frac{2 - 0.15 - 0.5}{2} = 6615 \text{ (Pa)}$$

以渠道最低点为基准,则 A 点标高为 1 m,B 点标高为:
$$z_B = 0.5 + \frac{2 - 0.15 - 0.5}{2} = 1.175 \text{ (m)}$$

列 $A-B$ 之间的伯努利方程得到：

$$z_A + \frac{p_A}{\rho g} + \frac{u_A^2}{2g} = z_B + \frac{p_B}{\rho g} + \frac{u_B^2}{2g}$$

将 $u_A = \dfrac{Q}{2 \times 2.7}, u_B = \dfrac{Q}{(2-0.15-0.5) \times 2.7}$ 代入上式，解得流量为：

$$Q = 8.47\text{m}^3/\text{s}$$

求得： $u_A = 1.57\text{m/s}, u_B = 2.324\text{m/s}$

选择过 A 点截面、过 B 点截面之间的流体为控制体，列动量方程为：

$$p_A A_A - R - p_B A_B = \rho Q(u_B - u_A)$$

其中： $A_A = 2 \times 2.7 = 5.4(\text{m}^2)$， $A_B = (2-0.15-0.5) \times 2.7 = 3.645(\text{m}^2)$

代入数值后解得： $R = 22413\text{N}$

【3-19】 如习题 3-19 图所示，平板闸门下出流，平板闸门宽 $b=2\text{m}$，闸前水深 $h_1=4\text{m}$，闸后水深 $h_2=0.5\text{m}$，出流量 $Q=8\text{m}^3/\text{s}$，不计摩擦阻力。试求水流对闸门的作用力，并与按静水压强分布计算的结果相比较。

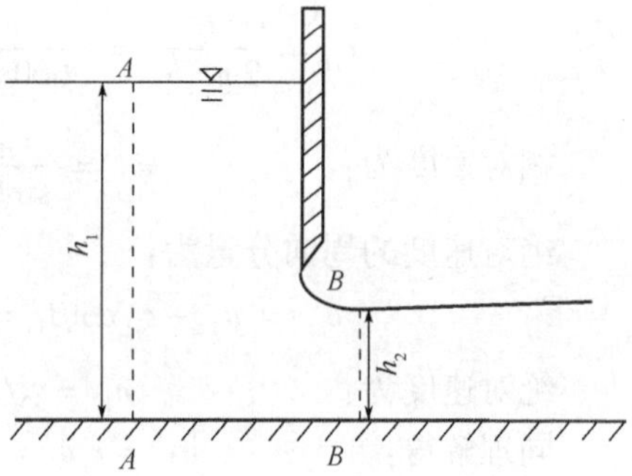

解： 选取 $A-A$ 截面与 $B-B$ 截面之间的流体为控制体。

$A-A$ 截面所受控制体外流体的压力为：

$$P_A = \rho g \frac{h_1}{2} h_1 b = 9800 \times 2 \times 4 \times 2 = 156800(\text{N})$$

$B-B$ 截面所受控制体外流体的压力为：

$$P_B = \rho g \frac{h_2}{2} h_2 b = 9800 \times 0.25 \times 0.5 \times 2 = 2450(\text{N})$$

$A-A$ 截面的平均流速为： $u_A = \dfrac{Q}{A_A} = \dfrac{8}{4 \times 2} = 1(\text{m/s})$

$B-B$ 截面的平均流速为： $u_B = \dfrac{Q}{A_B} = \dfrac{8}{0.5 \times 2} = 8(\text{m/s})$

习题 3-19 图

设闸门对水流的作用力为 F，方向水平向左。以水平向右为正方向，对控制体应用动量定理有：

$$P_A - P_B - F = \rho Q(u_B - u_A)$$

解得： $F = 98350\text{N}$

即水流对闸门的作用力为： $P = 98350\text{N}$

若按静水压强分布计算：

$$P = \rho g \frac{h_1 - h_2}{2} \cdot (h_1 - h_2) \cdot b = 120050\text{N}$$

通过比较可知，按静水压强计算结果偏大。

【3-20】 已知离心风机叶轮的转速为 25r/s，内径为 0.480m，入口角度 $\beta_1=60°$，入口宽度 $b_1=0.105\text{m}$；外径为 0.6m，出口角度 $\beta_2=120°$，出口宽度 $b_2=0.084\text{m}$；流量 $Q=9000\text{m}^3/\text{h}$，空气密度 $\rho=1.15\text{kg/m}^3$。试求叶轮入口和出口的牵连速度、相对速度和绝对速度，并计算叶轮所能产生的理论压强。

【分析】 本题考查泵与风机中速度三角形的相关知识。

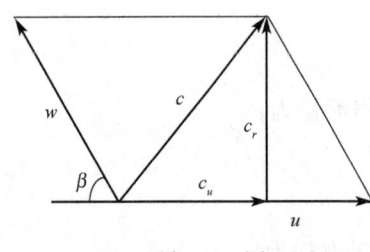

解:如习题 3-20 图所示的速度三角形,其中 w 为流体质点相对于叶轮轮盘的速度,称为相对速度;u 为与流体质点重合的叶轮轮盘上点的圆周速度,称为牵连速度;c 为流体质点相对于地球的速度,称为绝对速度;c_r、c_u 分别为绝对速度的径向分量和周向分量;β 为叶片角。

习题 3-20 图

叶轮旋转角速度为:
$$\omega = 2\pi \times 25 = 50\pi (\text{rad/s})$$

在叶轮入口处,各参数用下标 1 表示。

牵连速度为: $u_1 = r_1 \omega = 0.48 \times 50 \times \pi = 75.4 (\text{m/s})$

绝对速度的径向分量为:
$$c_{r1} = \frac{Q}{2\pi r_1 b_1} = \frac{9000}{3600 \times 2 \times \pi \times 0.48 \times 0.105} = 7.89 (\text{m/s})$$

相对速度为:
$$w_1 = \frac{c_{r1}}{\sin\beta_1} = \frac{7.89}{\sin 60°} = 9.11 (\text{m/s})$$

绝对速度的周向分量为:
$$c_{u1} = u_1 - c_{r1}\cot\beta_1 = 75.4 - 7.89 \times \cot 60° = 70.8 (\text{m/s})$$

绝对速度为: $c_1 = \sqrt{c_{r1}^2 + c_{u1}^2} = 71.24 (\text{m/s})$

同理解得: $u_2 = r_2 \omega = 0.6 \times 50 \times \pi = 94.25 (\text{m/s})$

$$c_{r2} = \frac{Q}{2\pi r_2 b_2} = \frac{9000}{3600 \times 2 \times \pi \times 0.6 \times 0.084} = 7.89 (\text{m/s})$$

$$w_2 = \frac{c_{r1}}{\sin\beta_2} = \frac{7.89}{\sin 120°} = 9.11 (\text{m/s})$$

$$c_{u2} = u_2 - c_{r2}\cot\beta_2 = 94.25 - 7.89 \times \cot 120° = 98.8 (\text{m/s})$$

$$c_2 = \sqrt{c_{r2}^2 + c_{u2}^2} = 99.11 (\text{m/s})$$

叶轮所能产生的理论压强为:
$$\begin{aligned}
p &= \rho g H \\
&= \rho(u_2 c_{u2} - u_1 c_{u1}) \\
&= 1.15 \times (94.25 \times 98.8 - 75.4 \times 70.8) \\
&= 4569.617 (\text{Pa})
\end{aligned}$$

第四章 理想不可压缩流体平面无旋流动

采用理想流体模型能使流体动力学的研究大为简化,容易得到流体运动的基本规律。在本章的学习中,应注意对基本概念的对比理解,如势函数与流函数、有势流动与有旋流动,此外还要熟悉常见的平面流动,掌握速度叠加原理。

第一节 重点与难点解析

1. 有势流动

流体微团本身没有旋转运动,则这种流动称为有势流动。对于有势流动,流体微团旋转角速度都为零,即:

$$\left.\begin{array}{l}\omega_x = \dfrac{1}{2}\left(\dfrac{\partial u_z}{\partial y} - \dfrac{\partial u_y}{\partial z}\right) = 0 \\ \omega_y = \dfrac{1}{2}\left(\dfrac{\partial u_x}{\partial z} - \dfrac{\partial u_z}{\partial x}\right) = 0 \\ \omega_z = \dfrac{1}{2}\left(\dfrac{\partial u_y}{\partial x} - \dfrac{\partial u_x}{\partial y}\right) = 0\end{array}\right\}$$

上式可作为判断流动是否是有势流动的判别式,对于平面流动,由于在 z 方向没有流动,因此只满足第三个等式就是平面有势流动。

2. 速度势函数

对于有势流动,一定存在某个函数 $\varphi(x, y, z)$,使得该函数的全微分满足:

$$d\varphi = u_x dx + u_y dy + u_z dz$$

这个函数称为势函数或速度势。比较函数全微分的定义可得:

$$u_x = \frac{\partial \varphi}{\partial x}, u_y = \frac{\partial \varphi}{\partial y}, u_z = \frac{\partial \varphi}{\partial z}$$

将势函数代入平面流动的连续方程,可知势函数满足拉普拉斯方程。

3. 流函数

不可压缩流体的平面流动存在流函数 $\psi(x, y, z)$,其全微分可表示为:

$$d\psi = -u_y dx + u_x dy$$

对照全微分的定义可知：

$$u_x = \frac{\partial \psi}{\partial y}, u_y = -\frac{\partial \psi}{\partial x}$$

关于流函数需要注意以下几点：

(1) 流函数是相对于平面流动而言的。只要是平面流动，若满足连续条件，都存在流函数，与是否有势无关。

(2) 同一流线上的流函数值保持不变，流函数代表流线簇。

4. 单宽流量

在任意两条流线 ψ 和 $\psi + d\psi$ 之间存在固定流量 dq，由于是平面流动问题，在 z 方向取单位长度，故 dq 称为单宽流量。两条流线间的单宽流量等于这两条流线对应的流函数差值。

5. 平行直线流动

流体做等速直线流动，流场中各点的速度大小相等、方向相同，这种流动称为平行直线流动。平行直线流动的速度分量为：

$$\left. \begin{array}{l} u_x = u\cos\alpha = a \\ u_y = u\sin\alpha = b \end{array} \right\}$$

平行直线流动是有势流动，其势函数与流函数分别为：

$$\left. \begin{array}{l} \varphi = ax + by \\ \psi = ay - bx \end{array} \right\}$$

6. 点源和点汇

流体从某一点向四周呈直线沿径向均匀流出的流动，称为点源。流体从四周向某点呈直线沿径向均匀流入的流动称为点汇。

对于点源，其速度分量为：

$$\left. \begin{array}{l} u_r = \dfrac{Q}{2\pi r} \\ u_\theta = 0 \end{array} \right\}$$

点源的势函数与流函数分别为：

$$\left. \begin{array}{l} \varphi = \dfrac{Q}{2\pi}\ln r \\ \psi = \dfrac{Q}{2\pi}\theta \end{array} \right\}$$

点汇与点源的流动方向相反，其势函数与流函数分别为：

$$\left. \begin{array}{l} \varphi = -\dfrac{Q}{2\pi}\ln r \\ \psi = -\dfrac{Q}{2\pi}\theta \end{array} \right\}$$

7. 点涡

沿着同心圆的轨线流动，且其速度大小与半径 r 成反比的流动称为点涡流动，简称点涡。其速度分量可表示为：

$$\left.\begin{array}{l} u_\theta = \dfrac{\Gamma}{2\pi r} \\ u_r = 0 \end{array}\right\}$$

式中 Γ ——任意半径 r 上的速度环量,称为点涡强度。

点涡的势函数和流函数分别为:

$$\left.\begin{array}{l} \varphi = \dfrac{\Gamma}{2\pi}\theta \\ \psi = -\dfrac{\Gamma}{2\pi}\ln r \end{array}\right\}$$

8. 势流叠加

在实际应用中常会用到较为复杂的无旋流动,要直接求出这些流动的势函数往往会遇到很多困难。这时可以将其看成由几种简单的势流的叠加。叠加后的复合流动的势函数为:

$$\varphi = \varphi_1 + \varphi_2 + \varphi_3 + \cdots$$

复合流动的速度分量为:

$$\left.\begin{array}{l} u_x = \dfrac{\partial \varphi}{\partial x} = \dfrac{\partial \varphi_1}{\partial x} + \dfrac{\partial \varphi_2}{\partial x} + \dfrac{\partial \varphi_3}{\partial x} + \cdots \\ u_y = \dfrac{\partial \varphi}{\partial y} = \dfrac{\partial \varphi_1}{\partial y} + \dfrac{\partial \varphi_2}{\partial y} + \dfrac{\partial \varphi_3}{\partial y} + \cdots \end{array}\right\}$$

9. 偶极子流

在 x 轴上放置点源和点汇,相距为 $2a$,并与原点 O 对称,点源强度与点汇强度分别为 Q 和 $-Q$,如果它们之间的距离充分小、强度无限大,且满足:

$$\lim_{\substack{a \to 0 \\ Q \to \infty}} 2a \cdot Q = M$$

则此时的流动称为偶极子流。式中,M 是个有限值,称为偶极矩。

根据势流叠加原理,偶极子流的势函数与流函数分别为:

$$\left.\begin{array}{l} \varphi = \dfrac{M}{2\pi r}\cos\theta \\ \psi = -\dfrac{M}{2\pi r}\sin\theta \end{array}\right\}$$

第二节 典型例题精讲

【例 4-1】 位于点坐标原点的源强度为 $24\text{m}^2/\text{s}$,沿水平方向自右向左运动的均匀直线流流速为 $u_0 = 10\text{m/s}$。求两点流动叠加后的驻点位置、通过驻点的流线、此流线在 $\theta = 90°$ 和 $180°$ 时的 y 坐标值及两点处的流速值。

解:(1)设点源流动的流函数为 $\psi_1 = \dfrac{Q}{2\pi}\theta$,势函数为 $\varphi_1 = \dfrac{Q}{2\pi}\ln r$;沿水平自右向左运动的均匀直线流动的流函数为 $\psi_2 = -u_0 y$,势函数为 $\varphi_2 = -u_0 x$,叠加后:

$$\varphi = \varphi_1 + \varphi_2 = \frac{Q}{2\pi}\ln r - u_0 x = \frac{Q}{2\pi}\ln\sqrt{x^2+y^2} - u_0 x$$

$$\psi = \psi_1 + \psi_2 = \frac{Q}{2\pi}\theta - u_0 y = \frac{Q}{2\pi}\arctan\frac{y}{x} - u_0 y$$

速度场：

$$u_x = \frac{\partial\varphi}{\partial x} = \frac{Q}{2\pi}\frac{x}{x^2+y^2} = \frac{Q}{2\pi r}\frac{x}{r}$$

$$u_y = \frac{\partial\varphi}{\partial y} = \frac{Q}{2\pi}\frac{y}{x^2+y^2} = \frac{Q}{2\pi r}\frac{y}{r}$$

驻点即 $u_x = u_y = 0$ 的点，则得驻点的纵坐标 $y_s = 0$，驻点的横坐标 $x_s = \frac{Q}{2\pi u_0} = \frac{1.2}{\pi}$；驻点的极坐标位置为：$r_s = \frac{1.2}{\pi}, \theta_s = 0$。

(2) 将 (x_s, y_s) 代入流函数中，则通过驻点的流线方程为：

$$\frac{Q}{2\pi}\theta - u_0 y = 0, \text{即} \frac{1.2}{\pi}\theta - y = 0$$

(3) 当 $\theta = \frac{\pi}{2}$ 时，$y = 0.6$，$u_x = \frac{Q}{2\pi r}\frac{x}{r} - u_0 = -10\text{m/s}$，$u_y = \frac{Q}{2\pi r}\frac{y}{r} = \frac{20}{\pi}\text{m/s}$

当 $\theta = \pi$ 时，$y = 1.2$，此时 $x \to \infty, x/r^2 \to 0, y/r^2 \to 0$，

$$u_x = \frac{Q}{2\pi r}\frac{x}{r} - u_0 = -10\text{m/s}$$

$$u_y = \frac{Q}{2\pi r}\frac{y}{r} = 0$$

【例 4-2】 已知平面流势流的流函数 $\psi = xy + 2x - 3y + 10$，求势函数与速度分量。

解：
$$u_x = \frac{\partial\psi}{\partial y} = x - 3, \quad u_y = -\frac{\partial\psi}{\partial x} = -y - 2$$

$$\varphi = \int u_x dx + \int u_y dy = \int(x-3)dx + \int(-y-2)dy = \frac{x^2-y^2}{2} - 3x - 2y$$

【例 4-3】 试证流速分量为 $u_x = 2xy + x, u_y = x^2 - y^2 - y$ 的平面流动为势流，并求出势函数和流函数。

解：
$$\varphi = \int u_x dx + u_y dy = \int(2xy+x)dx + (x^2-y^2-y)dy$$

$$= \int y dx^2 + \int d\frac{x^2}{2} + x^2 dy - d\frac{y^3}{3} - d\frac{y^2}{2}$$

$$= \int d(x^2 y) + d\left(\frac{x^2}{2} - \frac{y^3}{3} - \frac{y^2}{2}\right)$$

$$= x^2 y + \frac{x^2}{2} - \frac{y^3}{3} - \frac{y^2}{2}$$

【例 4-4】 已知势函数 $\psi = xy$，求速度分量和流函数。

解：
$$u_x = \frac{\partial\varphi}{\partial x} = y, \quad u_y = \frac{\partial\varphi}{\partial y} = x$$

$$\psi = \int u_x dy - u_y dx = \int y dy - x dx = \int d\left(\frac{y^2-x^2}{2}\right) = \frac{y^2-x^2}{2}$$

第三节 课后习题详解

【4-1】 已知有旋流场的速度为 $u_x = x + y, u_y = y + z, u_z = x^2 + y^2 + z^2$。求点 $(2,2,3)$ 处的旋转角速度。

【分析】 考查角速度的计算式。

解：
$$\omega_x = \frac{1}{2}\left(\frac{\partial u_z}{\partial y} - \frac{\partial u_y}{\partial z}\right) = \frac{1}{2}(2y - 1) = \frac{3}{2}$$

$$\omega_y = \frac{1}{2}\left(\frac{\partial u_x}{\partial z} - \frac{\partial u_z}{\partial x}\right) = \frac{1}{2}(0 - 2x) = -x = -2$$

$$\omega_z = \frac{1}{2}\left(\frac{\partial u_y}{\partial x} - \frac{\partial u_x}{\partial y}\right) = \frac{1}{2}(0 - 1) = -\frac{1}{2}$$

【4-2】 不可压缩流体的平面运动，流体速度分量为 $u_x = 4x - y, u_y = -4y - x$。证明该流动满足连续性方程并求出流函数的表达式。若流动为无旋，试求速度势的表达式。

解： 因为
$$\frac{\partial u_x}{\partial x} + \frac{\partial u_y}{\partial y} = 4 + (-4) = 0$$

所以该流动满足连续性方程。

根据流函数的性质有：
$$u_x = \frac{\partial \psi}{\partial y} = 4x - y, u_y = -\frac{\partial \psi}{\partial x} = -4y - x$$

将第一个式子对 y 积分得：
$$\psi = 4xy - \frac{y^2}{2} + f(x)$$

其中，$f(x)$ 是关于 x 的未定函数。将该式代入 u_y 表达式得：
$$u_y = -\frac{\partial \psi}{\partial x} = -[4y + f'(x)] = -4y - x$$

解得：
$$f'(x) = x$$

积分后得：
$$f(x) = \frac{x^2}{2} + C$$

令 C 等于 0，得流函数表达式为：
$$\psi = 4xy - \frac{y^2}{2} + \frac{x^2}{2}$$

因为：
$$\omega_z = \frac{1}{2}\left(\frac{\partial u_y}{\partial x} - \frac{\partial u_x}{\partial y}\right) = \frac{1}{2}[-1 - (-1)] = 0$$

所以此流动为无旋流动。根据速度势的定义得：
$$u_x = \frac{\partial \varphi}{\partial x} = 4x - y, u_y = \frac{\partial \varphi}{\partial y} = -4y - x$$

将上面第一个式子对 x 积分得：
$$\varphi = 2x^2 - xy + f(y)$$

其中，$f(y)$ 是关于 y 的未定函数。将该式代入 u_y 表达式得：

$$u_y = \frac{\partial \varphi}{\partial y} = -x + f'(y) = -4y - x$$

解得：
$$f'(y) = -4y$$

对 y 积分得：
$$f(y) = -2y^2 + C$$

令 C 等于 0，最终的势函数的表达式为：
$$\varphi = 2x^2 - xy - 2y^2$$

【4-3】 已知平面流场的势函数为 $\varphi = x^2 - y^2$，试求 u_x、u_y，并检验是否满足连续条件和无旋条件。

【分析】 考查势函数的性质以及连续条件和无旋条件。

解：
$$u_x = \frac{\partial \varphi}{\partial x} = 2x$$
$$u_y = \frac{\partial \varphi}{\partial y} = -2y$$

因为：
$$\frac{\partial u_x}{\partial x} + \frac{\partial u_y}{\partial y} = 2 + (-2) = 0$$

所以此流动满足不可压缩流体平面流动的连续条件。

又因为：
$$\omega_z = \frac{1}{2}\left(\frac{\partial u_y}{\partial x} - \frac{\partial u_x}{\partial y}\right) = \frac{1}{2}(0 - 0) = 0$$

所以满足无旋条件。

【4-4】已知平面势流的流函数 $\psi = xy + 2x - 3y + 10$，求速度势与流速分量。

解：根据流函数的性质，可得速度分量为：
$$u_x = \frac{\partial \psi}{\partial y} = x - 3$$
$$u_y = -\frac{\partial \psi}{\partial x} = -(y + 2)$$

速度势函数满足：$d\varphi = u_x dx + u_y dy = (x-3)dx - (y+2)dy$

对上式积分得：
$$\varphi = \frac{x^2}{2} - 3x - \frac{y^2}{2} - 2y + C$$

令 C 等于 0，得势函数为：
$$\varphi = \frac{x^2}{2} - \frac{y^2}{2} - 3x - 2y$$

【4-5】 已知 $u_x = 3x, u_y = -3y$，此流动是否成立？流动是否是势流？如是势流，求该流动的势函数。

【分析】 判断流动是否满足平面不可压缩流体的连续性方程，若满足则说明流动成立。若不满足，不能说明此流动不成立，因为本题并未说明流动是否为不可压缩流动。

解：因为
$$\frac{\partial u_x}{\partial x} + \frac{\partial u_y}{\partial y} = 3 + (-3) = 0$$

所以此流动满足平面不可压缩流动的连续性方程，是成立的。

又因为：
$$\omega_z = \frac{1}{2}\left(\frac{\partial u_y}{\partial x} - \frac{\partial u_x}{\partial y}\right) = \frac{1}{2}(0 - 0) = 0$$

所以此流动是势流。

根据势函数的性质：$d\varphi = u_x dx + u_y dy = 3xdx - 3ydy$

积分并令任意常数 C 等于零,得势函数为:
$$\varphi = \frac{3}{2}(x^2 - y^2)$$

【4-6】 已知平面势流的势函数 $\varphi = xy$,求速度分量和流函数,画出 $\varphi = 1$、2、3 的等势线。证明等势线和流线互相正交。

解: 根据势函数的性质得速度分量为:
$$u_x = \frac{\partial \varphi}{\partial x} = y$$
$$u_y = \frac{\partial \varphi}{\partial y} = x$$

流函数的全微分为:
$$d\psi = -u_y dx + u_x dy = -xdx + ydy$$

积分后得流函数为:
$$\psi = -\frac{x^2}{2} + \frac{y^2}{2}$$

当 $\varphi = 1$、2、3 时,势函数为一簇双曲线,如习题 4-6 图所示。

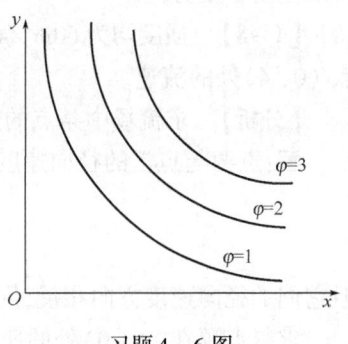

下面利用直线斜率证明势函数与流函数垂直。

令势函数值等于 C_1,则可得等势函数线方程为:
$$y_1 = \frac{C_1}{x}$$

同理可求得等流函数线方程为:
$$y_2 = \pm\sqrt{C_2 + x^2}$$

等势函数线与等流函数线的交点 (x_0, y_0) 满足:
$$\frac{C_1}{x_0} = \pm\sqrt{C_2 + x_0^2} \tag{1}$$

等势函数线的斜率为:
$$y_1' = -\frac{C_1}{x^2} \tag{2}$$

等流函数线的斜率为:
$$y_2' = \frac{\pm x}{\sqrt{C_2 + x^2}} \tag{3}$$

习题 4-6 图

将式(2)乘以式(3),并结合式(1)得:
$$y_1' \cdot y_2' = \frac{\mp C_1}{x_0 \sqrt{C_2 + x_0^2}} = -1$$

即在交点处,等势函数线与等流函数线斜率互为负导数,所以等势线和流线互相正交。

【4-7】 已知均质不可压缩液体平面流动的流函数为 $\psi = (x^2 + y^2)/2$。
(1) 求流场中两定点 $A(1,0)$ 和 $B(2,3)$ 之间的单宽流量;
(2) 判断流动是否是势流,如是势流,求势函数。

【分析】 两条流线间的单宽流量等于这两条流线对应的流函数差值。

— 69 —

解：
$$\psi_A = (1^2 + 0^2)/2 = \frac{1}{2}$$
$$\psi_B = (2^2 + 3^2)/2 = \frac{13}{2}$$

所以 A、B 两点之间的单宽流量为：
$$q_{AB} = \psi_B - \psi_A = 6$$

根据流函数与速度分量之间的关系得：
$$u_x = \frac{\partial \psi}{\partial y} = y$$
$$u_y = -\frac{\partial \psi}{\partial x} = -x$$

根据速度分量,求得流体微团的旋转角速度为：
$$\omega_z = \frac{1}{2}\left(\frac{\partial u_y}{\partial x} - \frac{\partial u_x}{\partial y}\right) = \frac{1}{2}(-1-1) = -1$$

所以流动不是势流。

【4-8】 强度均为 $60 m^2/s$ 的点源和点汇,分别位于 $(0,-3)$ 和 $(0,3)$ 处,求点 $(0,0)$ 和点 $(0,4)$ 处的流速。

【分析】 求流场中某点的速度,可根据矢量叠加原理将该点的各个速度叠加。

解： 点源与点汇的径向速度分量的绝对值均为
$$u_r = \frac{Q}{2\pi r}$$

但它们的径向速度方向相反,周向速度均为 0。

求得点源在 $(0,0)$ 处的速度分量为：
$$u_1(0,0) = \frac{60}{2\pi \times 3} = \frac{10}{\pi} \text{（沿 } y \text{ 轴正方向）}$$

点汇在该点的流速为：
$$u_2(0,0) = \frac{60}{2\pi \times 3} = \frac{10}{\pi} \text{（沿 } y \text{ 轴正方向）}$$

所以点 $(0,0)$ 的总速度为：
$$u(0,0) = u_1(0,0) + u_2(0,0) = \frac{20}{\pi}$$

同理,求得点源在 $(0,4)$ 处的速度分量为：
$$u_1(0,4) = \frac{60}{2\pi \times 7} = \frac{30}{7\pi} \text{（沿 } y \text{ 轴正方向）}$$

点汇在该点的流速为：
$$u_2(0,4) = \frac{60}{2\pi \times 1} = \frac{30}{\pi} \text{（沿 } y \text{ 轴负方向）}$$

所以点 $(0,4)$ 的总速度为：
$$u(0,4) = u_2(0,4) - u_1(0,4) = \frac{30}{\pi} - \frac{30}{7\pi} = \frac{180}{7\pi}$$

速度沿 y 轴负方向。

【4-9】 写出点源和点汇分别位于坐标系中(0,-2)和(0,2)处的偶极子的速度势函数和流函数,并绘出相应的流谱。

【分析】 偶极子流的点源与点汇之间的距离趋近于0。因此本题的流动不能称为偶极子流,可按照势流叠加原理求解。

解:如习题4-9图所示,设空间中某一点到点源的距离为r_1,到点汇的距离为r_2。

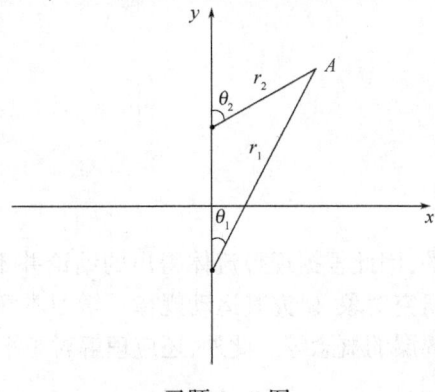

习题4-9图

点源的势函数为:

$$\varphi_1 = \frac{Q}{2\pi}\ln r_1$$

点汇的势函数为:

$$\varphi_2 = -\frac{Q}{2\pi}\ln r_2$$

叠加后得速度势函数为:

$$\varphi = \varphi_1 + \varphi_2$$
$$= \frac{Q}{2\pi}(\ln r_1 - \ln r_2)$$
$$= \frac{Q}{4\pi}\ln\frac{x^2 + (y+a)^2}{x^2 + (y-a)^2}$$

同理,叠加后的流函数为:

$$\psi = \frac{Q}{2\pi}(\theta_1 - \theta_2)$$

流谱可将流函数转化为直角坐标表示后画出,这里略。

第五章　黏性不可压缩流体运动

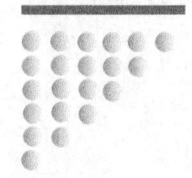

实际流体都是具有黏性的,因此根据理想流体得出的结论并不完全适用于实际流体。本章将黏性不可压缩流体作为研究对象,研究其运动规律。学习本章,应重点掌握 N—S 方程及其应用、流体流态的划分、边界层的概念等。此外,还应理解对于平板流动,圆柱体绕流等问题的研究思路。

第一节　重点与难点解析

1. N—S 方程

N—S 方程全称为不可压缩流体运动微分方程,是现代流体力学的主干方程,具有重要意义。其形式为:

$$\left.\begin{aligned}\frac{\partial u_x}{\partial t}+u_x\frac{\partial u_x}{\partial x}+u_y\frac{\partial u_x}{\partial y}+u_z\frac{\partial u_x}{\partial z}&=f_x-\frac{1}{\rho}\frac{\partial p}{\partial x}+\nu\left(\frac{\partial^2 u_x}{\partial x^2}+\frac{\partial^2 u_x}{\partial y^2}+\frac{\partial^2 u_x}{\partial z^2}\right)\\ \frac{\partial u_y}{\partial t}+u_x\frac{\partial u_y}{\partial x}+u_y\frac{\partial u_y}{\partial y}+u_z\frac{\partial u_y}{\partial z}&=f_y-\frac{1}{\rho}\frac{\partial p}{\partial y}+\nu\left(\frac{\partial^2 u_y}{\partial x^2}+\frac{\partial^2 u_y}{\partial y^2}+\frac{\partial^2 u_y}{\partial z^2}\right)\\ \frac{\partial u_z}{\partial t}+u_x\frac{\partial u_z}{\partial x}+u_y\frac{\partial u_z}{\partial y}+u_z\frac{\partial u_z}{\partial z}&=f_z-\frac{1}{\rho}\frac{\partial p}{\partial z}+\nu\left(\frac{\partial^2 u_z}{\partial x^2}+\frac{\partial^2 u_z}{\partial y^2}+\frac{\partial^2 u_z}{\partial z^2}\right)\end{aligned}\right\}$$

方程等号左边为加速度项,包括当地加速度和迁移加速度。等号右边第一项为质量力,第二项为压力,第三项为黏性力。因此 N—S 方程的实质为牛顿第二定律。若去掉黏性力项,即可得到理想流体运动微分方程。

2. 临界雷诺数

临界雷诺数是区分层流和湍流的分界线。分为上临界雷诺数和下临界雷诺数。上临界雷诺数是指由层流转变为湍流时的雷诺数;下临界雷诺数是指由湍流转变为层流时的雷诺数。一般上临界雷诺数大于下临界雷诺数。

3. 简单边界条件下层流精确解问题

对于平板间的层流流动、圆管内层流流动等问题,可通过 N—S 方程来求解。对于这类问题首先是化简方程,然后解微分方程,最后代入边界条件。常见的边界条件有:

(1) 在壁面处流速等于固体壁面的运动速度；
(2) 在液体与气体交界处速度梯度为零；
(3) 在流速分布的对称线或对称面上速度梯度等于零；
(4) 在两种流体交界面上流速相等。

4. 边界层的概念

在高雷诺数流动中，靠近固体壁面处仍有一薄层流体，在这个区域内，流体速度由零很快增加到主流区速度，即流体具有较大的速度梯度，黏性力极为重要，不可忽略。这一薄层称为边界层。边界层概念的提出，使黏性流体力学方程被限制在这一薄层内，其外部为主流区，可以当作理想流体处理，使流体力学问题大为简化。

第二节 典型例题精讲

【例 5-1】 如例 5-1 图所示，一大平板竖直放置，流体顺平板流下，流体流动为充分发展了的层流流动，流层厚度 δ 为常数，沿流动方向压力梯度 $\partial p/\partial x = 0$，流体密度为 ρ，动力黏度为 μ。求流动速度分布的精确解析解。

解：建立一坐标系 $Oxyz$，流动方向为 x 轴方向，坐标原点选在竖直平板上。

建立 x 方向 N—S 方程：

$$\frac{\partial u_x}{\partial t} + u_x\frac{\partial u_x}{\partial x} + u_y\frac{\partial u_x}{\partial y} + u_z\frac{\partial u_x}{\partial z}$$
$$= X - \frac{1}{\rho}\frac{\partial p}{\partial x} + \nu\left(\frac{\partial^2 u_x}{\partial x^2} + \frac{\partial^2 u_x}{\partial y^2} + \frac{\partial^2 u_x}{\partial z^2}\right)$$

两平板间流动有如下特点：任意点处速度只有 x 轴分量，即 $u_y = u_z = 0$，则：

$$\frac{\partial u_y}{\partial y} = 0, \quad \frac{\partial u_z}{\partial z} = 0$$

由连续方程 $\frac{\partial u_x}{\partial x} + \frac{\partial u_y}{\partial y} + \frac{\partial u_z}{\partial z} = 0$ 可得：

$$\frac{\partial u_x}{\partial x} = 0, \quad \frac{\partial^2 u_x}{\partial x^2} = 0$$

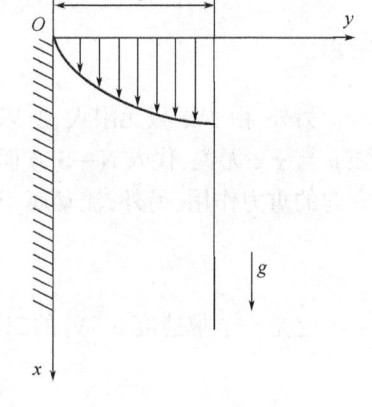

例 5-1 图

另外，由于平板很大，所以速度与坐标 z 也无关，即 $u_x = u_x(y)$，流动的另一特点是重力沿 x 轴方向，因此有 $X = g$，另外，流动属于稳定流动，各参数不随时间变化，则 N—S 方程可简化为：

$$0 = g + \nu\frac{d^2 u_x}{d y^2}$$

这是一个求速度 $u_x(y)$ 的二阶常微分方程，对此方程积分可得：

$$\frac{d u_x}{d y} = -\frac{\rho g}{\mu}y + c_1$$

将边界条件 $y = \delta$ 时，$\dfrac{du_x}{dy} = 0$ 代入上式得 $c_1 = \dfrac{\rho g}{\mu}\delta$，则有：

$$\frac{du_x}{dy} = -\frac{\rho g}{\mu}y + \frac{\rho g}{\mu}\delta$$

积分上式得：

$$u_x(y) = -\frac{1}{2}\frac{\rho g}{\mu}y^2 + \frac{\rho g}{\mu}\delta y + c_2$$

将边界条件 $y = 0$ 时，$u = 0$ 代入上式得 $c_2 = 0$，则有：

$$u_x(y) = -\frac{1}{2}\frac{\rho g}{\mu}y^2 + \frac{\rho g}{\mu}\delta y = \frac{\rho g}{\mu}\delta^2\left[\frac{y}{\delta} - \frac{1}{2}\left(\frac{y}{\delta}\right)^2\right]$$

【例 5-2】 有两个水平放置相距为 h，平板尺寸比 h 大得多的不动平行平板，其间充满密度 ρ、黏性系数为 μ 的不可压缩流体，流体在压力梯度 $\Delta p/\Delta L$ 作用下沿平板朝某一确定方向做定常的层流运动。试求出两平行平板间黏性流动速度分布的精确解析解。

解： 首先建立一坐标系 $Oxyz$，两平板间流动有如下特点：任意点处速度只有 x 轴分量，即 $u_y = u_z = 0$，则：

由连续性方程：

$$\frac{\partial u_y}{\partial y} = 0, \quad \frac{\partial u_z}{\partial z} = 0$$

$$\frac{\partial u_x}{\partial x} + \frac{\partial u_y}{\partial y} + \frac{\partial u_z}{\partial z} = 0$$

可得：

$$\frac{\partial u_x}{\partial x} = 0, \quad \frac{\partial^2 u_x}{\partial x^2} = 0$$

另外，由于平板无限大，所以速度与坐标 z 也无关，即 $u_x = u_x(y)$，流动的另一特点是其压强 p 与 y、z 无关，代入 N—S 方程在 y、z 两方向上不会有压差产生，因而有 $p = p(x)$，可忽略 y 方向的重力作用，另外，流动属于稳定流动，各参数不随时间变化，则 N—S 方程可简化为：

$$0 = -\frac{1}{\rho}\frac{\Delta p}{\Delta L} + \nu\frac{d^2 u_x}{dy^2}$$

这是一个求速度 $u_x(y)$ 的二阶常微分方程，对此方程积分两次后可得：

$$u_x(y) = \frac{1}{\mu}\frac{\Delta p}{\Delta L}\frac{y^2}{2} + c_1 y + c_2$$

积分常数 c_1 与 c_2 可用边界条件 $u_z(0) = u_z(h) = 0$ 来确定，得到 $c_1 = -\dfrac{1}{2\mu}\dfrac{\Delta p}{\Delta L}h, c_2 = 0$。

故：

$$u_x(y) = \frac{1}{2\mu}\frac{\Delta p}{\Delta L}(y^2 - hy)$$

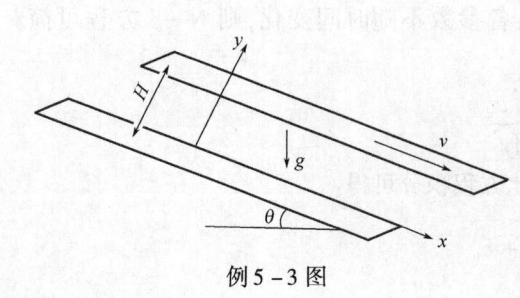

【例 5-3】 如例 5-3 图所示，不可压缩黏性流体在与水平面成 θ 角的两平行平板间做层流运动，假设流动定常，压力梯度为常数，板长为 L，两板间距离为 H，上平板相对于固定的下平板以匀速 V 平行于固定平板运动。求流体运动速度分布。

解： 建立如图所示坐标系。

例 5-3 图

根据边界条件可将 N—S 方程简化为：

$$g\sin\theta - \frac{1}{\rho}\frac{\partial p}{\partial x} + \frac{\mu}{\rho}\frac{\partial^2 u_x}{\partial y^2} = 0$$

整理得：
$$\frac{\partial^2 u_x}{\partial y^2} = \frac{1}{\mu}\left(\frac{\partial p}{\partial x} - \rho g\sin\theta\right)$$

解微分方程得：
$$u_x = \frac{1}{2\mu}\left(\frac{\partial p}{\partial x} - \rho g\sin\theta\right)y^2 + c_1 y + c_2$$

将初边界条件 $y = 0, u_x = 0$ 和 $y = H, u_x = V$ 代入，可确定常数 c_1 和 c_2，得流体运动的速度分布：

$$u_x = \frac{1}{2\mu}\left(\frac{\partial p}{\partial x} - \rho g\sin\theta\right)(y^2 - Hy) + \frac{V}{H}y$$

【例 5-4】 用管路输送相对密度为 0.9、黏度为 0.045Pa·s 的原油，维持平均速度不超 1m/s，若保持在层流的状态下输送，则管径不能超过多少？

解：欲保持层流须保持 $Re \leqslant 2000$，即：

$$Re = \frac{ud}{v} \leqslant 2000$$

其中：
$$v = \frac{\mu}{\rho} = \frac{0.045}{0.9 \times 10^3} = 5 \times 10^{-5}(\text{m}^2/\text{s})$$

则：
$$d = \frac{2000v}{u_{max}} = \frac{2000 \times 5 \times 10^{-5}}{1} = 0.1(\text{m})$$

第三节　课后习题详解

【5-1】 用 N—S 方程证明实际流体是不可能做无旋运动的。

解：略。

【5-2】 用 N—S 方程证明不可压缩黏性流体二维平面运动时的流函数满足：

$$\frac{\partial}{\partial t}\nabla^2\psi + \frac{\partial(\psi, \nabla^2\psi)}{\partial(x,y)} = v\nabla^4\psi$$

解：略。

【5-3】 证明二维流动的流函数：

$$\psi = a\left(b^2 y - \frac{1}{3}y^3\right)$$

满足黏性不可压缩流体的运动微分方程，说明这是怎样的流动，式中 a、b 的物理意义是什么？

证：二维黏性不可压缩流体的运动微分方程为：

$$\left.\begin{array}{l}\dfrac{\partial u_x}{\partial t} + u_x\dfrac{\partial u_x}{\partial x} + u_y\dfrac{\partial u_x}{\partial y} = f_x - \dfrac{1}{\rho}\dfrac{\partial p}{\partial x} + v\left(\dfrac{\partial^2 u_x}{\partial x^2} + \dfrac{\partial^2 u_x}{\partial y^2}\right) \\[2mm] \dfrac{\partial u_y}{\partial t} + u_x\dfrac{\partial u_y}{\partial x} + u_y\dfrac{\partial u_y}{\partial y} = f_y - \dfrac{1}{\rho}\dfrac{\partial p}{\partial y} + v\left(\dfrac{\partial^2 u_y}{\partial x^2} + \dfrac{\partial^2 u_y}{\partial y^2}\right)\end{array}\right\}$$

黏性不可压缩流体的运动微分方程适用于一切不可压缩流体。因此只需证明该二维平面流动为不可压缩流动即可。

根据流函数的定义得到：

$$u_x = \frac{\partial \psi}{\partial y} = ab^2 - ay^2$$

$$u_y = -\frac{\partial \psi}{\partial x} = 0$$

所以：

$$\frac{\partial u_x}{\partial x} + \frac{\partial u_y}{\partial y} = 0$$

即该流动满足不可压缩流动的连续性方程，为不可压缩流动，所以满足 N—S 方程。

因为 $u_y = 0$，所以这是一个沿 x 方向流动的平行流，且为稳定流动。将 u_x 和 u_y 表达式代入 N—S 方程得：

$$a = \frac{1}{2\nu}\left(f_x - \frac{1}{\rho}\frac{\partial p}{\partial x}\right)$$

【5-4】 讨论简单平面剪切流中的温度分布及流体与固体壁面的热交换。设下固定板上 $T = T_0$（常数），上面运动板上 $u = u_0$、$T = T_1$（常数）。

答：根据牛顿剪切定律，在下板固定、上板运动时，流体的速度呈线性分布。在靠近壁面的一薄层流体与壁面之间无相对运动，所以热交换方式为热传导。若上板固定不动，则根据傅里叶导热定律得出流体温度呈线性分布。当上板以速度 u_0 运动时，流体耗散率增大，需要更大的温度梯度才能将耗散热传导出去，因此其温度沿垂直于壁面方向近似呈抛物线分布。

【5-5】 怎么判别黏性流体的两种流态——层流和湍流？

答：工程中一般应用无量纲的雷诺数来判别流态。雷诺数等于流速乘以特征长度再除以流体黏度。当雷诺数小于下临界雷诺数时，属于层流；当雷诺数大于上临界雷诺数时，属于湍流；在两个临界雷诺数之间时，属于过渡区域。

【5-6】 通风管径为 250mm，输送的空气温度为 20℃，试求保持层流的最大流量。若输送空气的质量流量为 200kg/h，其流态为层流还是湍流？

【分析】 考查流体流态的判断。

解：20℃时流体的黏度为 $1.5 \times 10^{-5} m^2/s$，雷诺数为：

$$Re = \frac{ud}{\nu} = \frac{4Q}{\pi d \nu}$$

代入数值：

$$\frac{4 \times Q}{\pi \times 0.25 \times 1.5 \times 10^{-5}} = 2300$$

解得流量为：

$$Q = 0.00677 m^3/s$$

空气的质量流量为 200kg/h 时的体积流量为：

$$Q = \frac{200}{3600 \times 1.25} = 0.044 (m^3/s)$$

此流量下的雷诺数为：

$$Re = \frac{4Q}{\pi d \nu} = \frac{4 \times 0.044}{\pi \times 0.25 \times 1.5 \times 10^{-5}} = 15090 > 2300$$

所以属于湍流。

【5-7】 如习题5-7图所示,两块无限大平板间有不可压缩黏性流体做层流流动,两平板间距10mm,流体的密度 $\rho = 890 \text{kg/m}^3$,动力黏性系数 $\mu = 1.1 \text{N} \cdot \text{s/m}^2$,平板对地面的倾斜角为45°,上板以速度1m/s相对于下板向流动反方向滑动。在上板上开两个测压孔,测压孔的高差为1m,已知测出的表压为200kN/m²和50kN/m²,试确定平板之间的速度分布和压力分布,以及上平板所受的剪切力。

【分析】 考查N—S方程在计算简单边界条件下层流精确解中的应用。计算时需要注意方程各项的化简。

解: 建立如图所示的坐标系。因为流动主要沿 x 方向,所以有:

$$u_y = u_z = 0$$

又因为流动为稳定流动,所以有:

$$\frac{\partial u_x}{\partial t} = 0$$

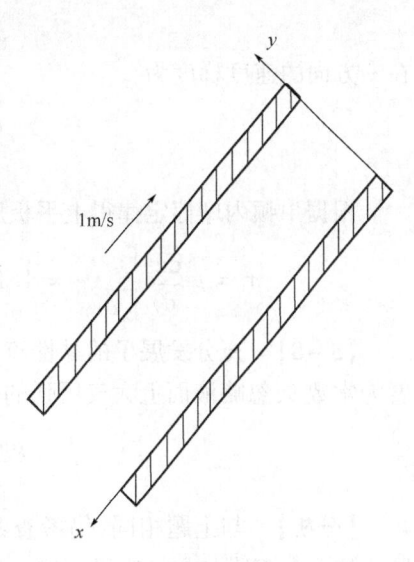

即流体在 x 方向的加速度为:

$$\frac{\mathrm{d} u_x}{\mathrm{d} t} = \frac{\partial u_x}{\partial t} + u_x \frac{\partial u_x}{\partial x} + u_y \frac{\partial u_x}{\partial y} + u_z \frac{\partial u_x}{\partial z} = 0$$

根据流动的特点,可以认为流速 u_x 在 x 方向和 z 方向不变,即:

$$\frac{\partial^2 u_x}{\partial x^2} = \frac{\partial^2 u_x}{\partial z^2} = 0$$

x 方向的质量力为:

$$f_x = g\sin 45°$$

于是 x 方向的N—S方程化简为:

$$0 = g\sin 45° - \frac{1}{\rho}\frac{\partial p}{\partial x} + \nu \frac{\partial^2 u_x}{\partial y^2} \quad (1)$$

由已知条件得压强在 x 方向的变化率为定值:

$$\frac{\partial p}{\partial x} = \frac{\Delta p}{\Delta x} = \frac{200 \times 10^3 - 50 \times 10^3}{1/\sin 45°} = 106066 (\text{Pa/m})$$

代入式(1)得:

$$\nu \frac{\partial^2 u_x}{\partial y^2} = 112.2$$

即:

$$\frac{\partial^2 u_x}{\partial y^2} = \frac{112.2 \times \rho}{\mu} = \frac{112.2 \times 890}{1.1} = 90780$$

两次积分后得:

$$u_x = 45390 y^2 + C_1 y + C_2$$

将边界条件 $y = 0, u_x = 0$ 和 $y = 0.01, u_x = -1$ 代入上式,解得:

$$C_1 = -553.9, C_2 = 0$$

即流体速度分布为:

习题5-7图

$$u_x = 45390y^2 - 553.9y$$

在 y 方向的速度梯度为：

$$\frac{du_x}{dy} = 90780y - 553.9$$

根据牛顿内摩擦定律得上平板所受剪切力为：

$$\tau = \mu \frac{du_x}{dy}\bigg|_{y=0.01} = 1.1 \times (90780 \times 0.01 - 553.9) = 389.29(\text{Pa})$$

【5-8】 充分发展了的黏性流体层流，因重力作用沿倾角为 θ 的倾斜平面下滑，液膜厚度为常数 δ，忽略液面上大气压强的作用，试证明液膜中的流速分布与液膜流量分别为：

$$u = \frac{\rho g \sin\theta}{2\mu} y(2\delta - y), \quad q = \frac{\rho g \delta^3 \sin\theta}{3\mu}$$

【分析】 与上题相同，仍考查黏性流体运动微分方程求解简单边界条件的速度分布问题。注意在液膜与空气交界处的边界条件为速度梯度等于零。

解：设沿斜面向下为 x 轴正方向，垂直斜面向外为 y 轴正方向。由于液膜为层流流动，所以只有沿 x 轴方向的速度，即：

$$u_y = u_z = 0$$

又因为流动为稳定流动，所以有：

$$\frac{\partial u_x}{\partial t} = 0$$

沿 x 轴、z 轴方向速度没有变化：

$$\frac{\partial u_x}{\partial x} = 0, \quad \frac{\partial u_x}{\partial z} = 0$$

综上，得到 x 方向的加速度为：

$$\frac{du_x}{dt} = \frac{\partial u_x}{\partial t} + u_x \frac{\partial u_x}{\partial x} + u_y \frac{\partial u_x}{\partial y} + u_z \frac{\partial u_x}{\partial z} = 0$$

x 方向的单位质量力为： $f_x = g\sin\theta$

由于整个液膜都与空气接触，所以压强处处等于大气压，即：

$$\frac{\partial p}{\partial x} = 0$$

于是，x 轴方向的 N—S 方程简化为：

$$0 = g\sin\theta + \nu \frac{\partial^2 u_x}{\partial y^2}$$

即：

$$\frac{d^2 u_x}{dy^2} = -\frac{\rho g \sin\theta}{\mu}$$

积分一次得到：

$$\frac{du_x}{dy} = -\frac{\rho g \sin\theta}{\mu} y + C_1 \tag{1}$$

代入液膜与空气交界处的边界条件：$y = \delta, \dfrac{du_x}{dy} = 0$，得到：

$$C_1 = \frac{\rho g \delta \sin\theta}{\mu}$$

式(1)变为：
$$\frac{\mathrm{d}u_x}{\mathrm{d}y} = \frac{\rho g \sin\theta}{\mu}(\delta - y)$$

再次积分得：
$$u_x = \frac{\rho g \sin\theta}{\mu}\left(\delta y - \frac{y^2}{2}\right) + C_2$$

代入壁面处的边界条件：
$$y = 0, u_x = 0$$

得到：
$$C_2 = 0$$

最终得到液膜速度分布为：
$$u_x = \frac{\rho g \sin\theta}{2\mu} y(2\delta - y)$$

将流速沿 y 轴积分得到流量：
$$q = \int_0^\delta u_x \mathrm{d}y = \frac{\rho g \sin\theta}{2\mu}\int_0^\delta y(2\delta - y)\mathrm{d}y = \frac{\rho g \delta^3 \sin\theta}{3\mu}$$

【5-9】 流量为 30L/s 的甘油通过一根长 40m、直径 100mm，与水平面倾角 30°的圆管向上流动，甘油动力黏度 $\mu = 0.9\mathrm{N}\cdot\mathrm{s}/\mathrm{m}^2$，$\rho = 1260\mathrm{kg}/\mathrm{m}^3$，进口压强为 $590\mathrm{kN}/\mathrm{m}^2$，如忽略端部影响，试求出口压强及壁面上的平均剪切力。

【分析】 考查圆管内层流的解析解。首先应判断流态。

解：流速为：
$$u = \frac{4Q}{\pi d^2} = \frac{4 \times 30 \times 10^{-3}}{\pi \times 0.1^2} = 3.82(\mathrm{m/s})$$

雷诺数为：
$$Re = \frac{ud}{\nu} = \frac{3.82 \times 0.1}{\frac{0.9}{1260}} = 534.8 < 2300$$

所以流动处于层流状态。

沿程阻力系数为：
$$\lambda = \frac{1}{Re} = \frac{1}{534.76} = 0.00187$$

列进出口的伯努利方程为：
$$\frac{p_1}{\rho g} + \frac{u^2}{2g} + 0 = \frac{p_2}{\rho g} + \frac{u^2}{2g} + l\sin\theta + \lambda \frac{l}{d} \frac{u^2}{2g}$$

代入数值：
$$\frac{590 \times 10^3}{1260 \times 9.8} = \frac{p_2}{1260 \times 9.8} + 40 \times \sin 30° + 0.00187 \times \frac{40}{0.1} \times \frac{3.82^2}{2 \times 9.8}$$

解得出口压强为：
$$p_2 = 336163\mathrm{Pa}$$

根据圆管内层流流动的解析解得到壁面上的剪应力为：
$$\tau_0 = \frac{\Delta p R}{2L} = \frac{(p_1 - p_2)R}{2L} = \frac{(590 \times 10^3 - 336163) \times 0.05}{2 \times 40} = 158.6(\mathrm{Pa})$$

【5-10】 如习题 5-10 图所示，同轴圆管之间的环形通道中，液体沿管轴方向做层流运动。已知管道水平放置，大管直径为 R_1，小管直径为 R_2，试求通道中的流速分布（假设沿程损失 $\Delta p/L = C$）。

【分析】 考查管内层流的解析解。若采用 N—S 方程，则涉及两个方向的方程，求解较麻烦。选择研究对象后，直接采用牛顿第二定理求解相对简便。

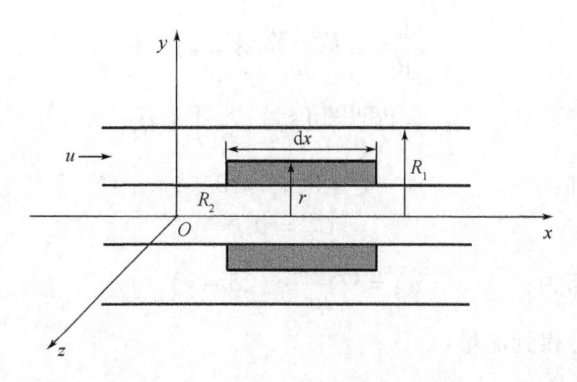

习题 5-10 图

解：如图所示，选择内径为 R_2，外径为 r，长度为 dx 的环形柱体为研究对象。在 x 方向，该环形柱体受两端面的压力、内圆柱面来自壁面的摩擦力和外圆柱面来自其他流体的摩擦力，合力为：

$$\sum F_x = p(\pi r^2 - \pi R_2^2) - \left(p + \frac{\partial p}{\partial x}dx\right)(\pi r^2 - \pi R_2^2) - \tau 2\pi r dx - \tau_2 2\pi R_2 dx \quad (1)$$

式中，τ_2 是壁面上的剪应力，为常数。

因为流动为稳定流动，所以：
$$\frac{\partial u_x}{\partial t} = 0$$

又因为流速主要为 x 方向，有：
$$u_y = u_z = 0$$

根据连续性方程，流速在 x 方向无变化：
$$\frac{\partial u_x}{\partial x} = 0$$

综上得到流体在 x 方向的加速度为：
$$\frac{du_x}{dt} = \frac{\partial u_x}{\partial t} + u_x\frac{\partial u_x}{\partial x} + u_y\frac{\partial u_x}{\partial y} + u_z\frac{\partial u_x}{\partial z} = 0$$

根据牛顿第二定律：
$$\sum F_x = m\frac{du_x}{dx} = 0$$

即：
$$p(\pi r^2 - \pi R_2^2) - \left(p + \frac{\partial p}{\partial x}dx\right)(\pi r^2 - \pi R_2^2) - \tau 2\pi r dx - \tau_2 2\pi R_2 dx = 0 \quad (2)$$

剪应力为：
$$\tau = -\mu\frac{du}{dr}$$

代入式(2)，整理得到：
$$\mu\frac{du}{dr}2\pi r = \tau_2 2\pi R_2 + \frac{\partial p}{\partial x}(\pi r^2 - \pi R_2^2)$$

由题目已知压强沿 x 轴变化率为定值。代入上式并整理得：
$$du = \frac{1}{\mu}\left(\tau_2 R_2 + \frac{\Delta p}{2L}R_2^2\right)\frac{1}{r}dr - \frac{\Delta p}{2\mu L}r dr$$

两边同时积分得：
$$u = \frac{1}{\mu}\left(\tau_2 R_2 + \frac{\Delta p}{2L}R_2^2\right)\ln r - \frac{\Delta p}{4\mu L}r^2 + C$$

代入边界条件：
$$r = R_1, u = 0; \quad r = R_2, u = 0$$

解得：
$$C = \frac{\Delta p}{4\mu L}(R_2^2 \ln R_1 - R_1^2 \ln R_2)\ln \frac{R_2}{R_1}$$

$$\tau_2 = \frac{\Delta p}{4L}\left(2R_2 + R_2\ln\frac{R_2}{R_1} - R_1^2 \ln\frac{R_2}{R_1}\right)$$

【5-11】 沿平板流动的两种介质，一种是标准状态的空气，其流速为30m/s；另一种是20℃的水，其流速为1.2m/s。求二者在同一位置处的层流边界层厚度之比。

【分析】 考查平板层流边界层的近似解。

解：层流边界层的厚度可由下式计算：

$$\delta = 5.48 \frac{x}{\sqrt{Re_x}}$$

由上式得，对于同一位置，其边界层厚度之比为：

$$\frac{\delta_a}{\delta_w} = \sqrt{\frac{Re_w}{Re_a}} = \sqrt{\frac{u_w}{u_a}\frac{\nu_a}{\nu_w}} = \sqrt{\frac{1.2}{1.007} \times \frac{13.2}{30}} = 0.724$$

【5-12】 设流速分布 $u = u_\infty(y/\delta)^n$，试求边界层的 δ_1/δ、δ_2/δ、δ_3/δ 的表达式，并计算 $n=1/7$ 时，这些厚度比的具体数值。

【分析】 考查边界层排挤厚度、动量损失厚度、动能损失厚度的定义式。

解：边界层排挤厚度为：

$$\delta_1 = \int_0^\delta \left(1 - \frac{u}{u_\infty}\right)dy = \int_0^\delta \left[1 - \left(\frac{y}{\delta}\right)^n\right]dy = y - \frac{y^{n+1}}{(n+1)\delta^n}\bigg|_0^\delta = \frac{n}{n+1}\delta$$

即：
$$\frac{\delta_1}{\delta} = \frac{n}{n+1}$$

边界层动量损失厚度为：

$$\delta_2 = \int_0^\delta \frac{u}{u_\infty}\left(1 - \frac{u}{u_\infty}\right)dy = \int_0^\delta \left(\frac{y}{\delta}\right)^n\left[1 - \left(\frac{y}{\delta}\right)^n\right]dy$$

$$= \frac{y^{n+1}}{(n+1)\delta^n} - \frac{y^{2n+1}}{(2n+1)\delta^{2n}}\bigg|_0^\delta = \frac{n}{(n+1)(2n+1)}\delta$$

即：
$$\frac{\delta_2}{\delta} = \frac{n}{(n+1)(2n+1)}$$

动能损失厚度为：

$$\delta_3 = \int_0^\delta \frac{u}{u_\infty}\left(1 - \frac{u^2}{u_\infty^2}\right)dy = \int_0^\delta \left(\frac{y}{\delta}\right)^n\left[1 - \left(\frac{y}{\delta}\right)^{2n}\right]dy$$

$$= \frac{y^{n+1}}{(n+1)\delta^n} - \frac{y^{3n+1}}{(3n+1)\delta^{3n}}\bigg|_0^\delta = \frac{2n}{(n+1)(3n+1)}\delta$$

即：
$$\frac{\delta_3}{\delta} = \frac{2n}{(n+1)(3n+1)}$$

当 $n=1/7$ 时，各个比值的具体数值为：

$$\frac{\delta_1}{\delta} = \frac{n}{n+1} = \frac{1}{8}$$

$$\frac{\delta_2}{\delta} = \frac{n}{(n+1)(2n+1)} = \frac{7}{72}$$

$$\frac{\delta_3}{\delta} = \frac{2n}{(n+1)(3n+1)} = \frac{7}{40}$$

【5-13】 试计算光滑平壁表面层流边界层的排挤厚度 δ_1，动量损失厚度 δ_2。已知层流边界层中的速度分布为：

(1) $u = u_\infty \dfrac{y}{\delta}$;

(2) $u = u_\infty \sin\left(\dfrac{\pi}{2} \cdot \dfrac{y}{\delta}\right)$;

(3) $u = u_\infty \left[2\dfrac{y}{\delta} - 2\left(\dfrac{y}{\delta}\right)^3 + \left(\dfrac{y}{\delta}\right)^4\right]$。

【分析】 考查边界层排挤厚度、动量损失厚度的定义。

解：(1) 边界层排挤厚度为：

$$\delta_1 = \int_0^\delta \left(1 - \dfrac{u}{u_\infty}\right) dy = \int_0^\delta \left(1 - \dfrac{y}{\delta}\right) dy = y - \dfrac{y^2}{2\delta}\bigg|_0^\delta = \dfrac{\delta}{2}$$

动量损失厚度：

$$\delta_2 = \int_0^\delta \dfrac{u}{u_\infty}\left(1 - \dfrac{u}{u_\infty}\right) dy = \int_0^\delta \dfrac{y}{\delta}\left(1 - \dfrac{y}{\delta}\right) dy = \dfrac{y^2}{2\delta} - \dfrac{y^3}{3\delta^2}\bigg|_0^\delta = \dfrac{\delta}{6}$$

(2) $\delta_1 = \int_0^\delta \left(1 - \dfrac{u}{u_\infty}\right) dy = \int_0^\delta 1 - \sin\left(\dfrac{\pi}{2} \cdot \dfrac{y}{\delta}\right) dy = y + \dfrac{2\delta}{\pi}\cos\left(\dfrac{\pi}{2\delta}y\right)\bigg|_0^\delta = \left(1 - \dfrac{2}{\pi}\right)\delta$

$\delta_2 = \int_0^\delta \dfrac{u}{u_\infty}\left(1 - \dfrac{u}{u_\infty}\right) dy = \int_0^\delta \sin\left(\dfrac{\pi}{2} \cdot \dfrac{y}{\delta}\right)\left[1 - \sin\left(\dfrac{\pi}{2} \cdot \dfrac{y}{\delta}\right)\right] dy = \dfrac{2\delta}{\pi}$

(3) $\delta_1 = \int_0^\delta \left(1 - \dfrac{u}{u_\infty}\right) dy = \int_0^\delta \left[1 - 2\dfrac{y}{\delta} + 2\left(\dfrac{y}{\delta}\right)^3 - \left(\dfrac{y}{\delta}\right)^4\right] dy$

$= y - \dfrac{y^2}{\delta} + \dfrac{y^4}{2\delta^3} - \dfrac{y^5}{5\delta^4}\bigg|_0^\delta = \dfrac{3}{10}\delta$

$\delta_2 = \int_0^\delta \dfrac{u}{u_\infty}\left(1 - \dfrac{u}{u_\infty}\right) dy = \int_0^\delta \left[2\dfrac{y}{\delta} - 2\left(\dfrac{y}{\delta}\right)^3 + \left(\dfrac{y}{\delta}\right)^4\right]\left[1 - 2\dfrac{y}{\delta} + 2\left(\dfrac{y}{\delta}\right)^3 - \left(\dfrac{y}{\delta}\right)^4\right] dy$

$= \dfrac{37}{315}\delta$

【5-14】 令 δ_{2l} 是长度为 l 的平板尾缘处的动量损失厚度，试证 $C_D = \dfrac{2\delta_{2l}}{l}$。

解：略。

【5-15】 用一块平板在水面上做边界层实验，已知临界雷诺数 $Re = 10 \times 10^5$，水的运动黏度 $\nu = 1.13 \times 10^{-6} \text{m}^2/\text{s}$，在流速为 1m/s 时为保证全平板为层流，平板的长度应不超过多少？

解：平板流动的雷诺数计算式：

$$Re_x = \dfrac{u_\infty x}{\nu}$$

令雷诺数等于临界雷诺数，即可得到平板的长度为：

$$x = \dfrac{Re\nu}{u_\infty} = \dfrac{10 \times 10^5 \times 1.13 \times 10^{-6}}{1} = 1.13(\text{m})$$

【5-16】 水以速度 $u_0 = 0.2$ m/s 流过一顺置平板，已知水的运动黏度 $\nu = 1.13 \times 10^{-6} \text{m}^2/\text{s}$，求距平板前缘 $x = 2$m 和 $x = 5$m 处的边界层厚度。

解：平板边界层可由下式计算：

$$\delta = \frac{5.0x}{\sqrt{Re_x}}$$

由该式得在 $x = 2\text{m}$ 处的边界层厚度为：

$$\delta = \frac{5.0 \times 2}{\sqrt{\frac{0.2 \times 2}{1.13 \times 10^{-6}}}} = 0.0168(\text{m})$$

由该式得在 $x = 5\text{m}$ 处的边界层厚度为：

$$\delta = \frac{5.0 \times 5}{\sqrt{\frac{0.2 \times 5}{1.13 \times 10^{-6}}}} = 0.0235(\text{m})$$

【5-17】 空气以速度 $u = 10\text{m/s}$ 流过光滑平板，空气的运动黏度 $\nu = 1.5 \times 10^{-5}\text{m}^2/\text{s}$，平板长 $l = 1\text{m}$，假设平板表面产生层流边界层，试求：
(1) 离平板前缘 5cm 和 100cm 两处的边界层厚度；
(2) 平板单面阻力系数。

解：(1) 根据边界层厚度计算式得到：

$$\delta_{0.05} = \frac{5.0x}{\sqrt{Re_x}} = \frac{5.0 \times 0.05}{\sqrt{\frac{10 \times 0.05}{1.5 \times 10^{-5}}}} = 1.37 \times 10^{-3}(\text{m})$$

$$\delta_{0.1} = \frac{5.0x}{\sqrt{Re_x}} = \frac{5.0 \times 0.1}{\sqrt{\frac{10 \times 0.1}{1.5 \times 10^{-5}}}} = 1.94 \times 10^{-3}(\text{m})$$

(2) 根据平板层流边界层的精确解，总阻力系数的计算式如下：

$$C_D = \frac{1.328}{\sqrt{Re_L}} = \frac{1.328}{\sqrt{\frac{10 \times 1}{1.5 \times 10^{-5}}}} = 1.624 \times 10^{-3}$$

【5-18】 空气以速度 $u_\infty = 10\text{m/s}$ 流过光滑平板，试求：
(1) 离平板前缘 30cm 处的边界层厚度；
(2) 在 $x = 30\text{cm}$ 处，$u = 0.5u_\infty$ 处离板面的垂直距离 h；
(3) 在 $x = 30\text{cm}$ 处，$y = h$ 处的 y 方向速度分量。

解：(1) 根据平板层流边界层的计算式得：

$$\delta = \frac{5.0x}{\sqrt{Re_x}} = \frac{5.0 \times 0.3}{\sqrt{\frac{10 \times 0.3}{1.5 \times 10^{-5}}}} = 3.354 \times 10^{-3}(\text{m})$$

(2) 习题 5-18 图为平板流动的速度分布曲线：
由图可见，当 $u_x/u_\infty = 0.5$ 时，$\eta = 1.6$，此时：

$$y\sqrt{\frac{u_\infty}{\nu x}} = \eta = 1.6$$

代入数值：

$$y\sqrt{\frac{10}{1.5 \times 10^{-5} \times 0.3}} = 1.6$$

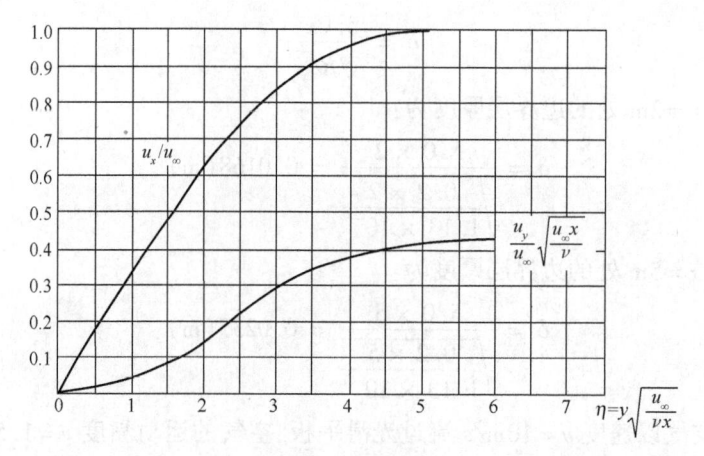

习题 5-18 图

解得: $\quad h = y = 1.07 \times 10^{-3} \text{ m}$

(3) 由习题 5-18 图可得，当 $\eta = 1.6$ 时：

$$\frac{u_y}{u_\infty}\sqrt{\frac{u_\infty x}{\nu}} = 0.1$$

代入数值: $\quad \dfrac{u_y}{10} \times \sqrt{\dfrac{10 \times 0.3}{1.5 \times 10^{-5}}} = 0.1$

解得 y 方向速度分量为： $u_y = 2.236 \times 10^{-3} \text{ m/s}$

【5-19】 已知平板层流边界层中速度分布为：

$$u = u_\infty \sin\left(\frac{\pi}{2} \cdot \frac{y}{\delta}\right)$$

试用边界层动量积分关系式确定平板上边界层厚度分布、切应力分布和阻力系数 C_x。

【分析】 考查边界层动量积分关系式的具体应用。

解：冯·卡门边界层动量积分方程为：

$$\frac{\tau_0}{\rho} = \delta u_\infty \frac{du_\infty}{dx} + u_\infty \frac{\partial}{\partial x}\int_0^\delta u_x dy - \frac{\partial}{\partial x}\int_0^\delta u_x^2 dy$$

对于本题近壁处的切应力为：

$$\tau_0 = \mu \frac{du}{dy}\bigg|_{y=0} = \frac{\mu \pi u_\infty}{2\delta} \tag{1}$$

因为 u_∞ 近似为常数，所以等号右边第一项为零。

$$\int_0^\delta u_x dy = \int_0^\delta u_\infty \sin\left(\frac{\pi}{2} \cdot \frac{y}{\delta}\right) dy = \frac{2\delta u_\infty}{\pi}$$

$$\int_0^\delta u_x^2 dy = \int_0^\delta u_\infty^2 \sin^2\left(\frac{\pi}{2} \cdot \frac{y}{\delta}\right) dy = \frac{u_\infty^2 \delta}{2}$$

综上，边界层动量积分方程变为：

$$\frac{\pi \mu u_\infty}{2\delta} = \frac{2 u_\infty^2}{\pi}\frac{d\delta}{dx} - \frac{u_\infty^2}{2}\frac{d\delta}{dx}$$

分离变量： $\quad \dfrac{\mu \pi^2}{4-\pi}dx = u_\infty \delta d\delta$

积分后得：
$$\delta = \sqrt{\frac{2\mu\pi^2 x}{(4-\pi)u_\infty}} + C$$

代入边界层前缘边界条件：$x=0, \delta=0$ 得 $C=0$。

边界层厚度分布为：
$$\delta = \sqrt{\frac{2\mu\pi^2 x}{(4-\pi)u_\infty}}$$

将边界层厚度分布式代入式(1)得到切应力分布为：
$$\tau_0 = \frac{\mu u_\infty}{2}\sqrt{\frac{(4-\pi)u_\infty}{2\mu x}}$$

阻力系数为：
$$C_x = \frac{\tau_0}{\frac{\rho u_\infty^2}{2}} = \frac{\nu}{u_\infty}\sqrt{\frac{(4-\pi)u_\infty}{2\mu x}}$$

【5-20】 长 4m、宽 1m 的光滑平板以 $u_\infty = 5\text{m/s}$ 的速度水平等速飞行，已知空气的运动黏度 $\nu = 1 \times 10^{-5}\text{m}^2/\text{s}$，离前缘 0.9m 处边界层内流动由层流转变为湍流，求平板一个侧面上所受的阻力。

【分析】 考查平板混合边界层的近似解。

解：临界雷诺数为：
$$Re_r = \frac{u_\infty x_l}{\nu} = \frac{5 \times 0.9}{1 \times 10^{-5}} = 4.5 \times 10^5$$

平板尾部雷诺数为：
$$Re_L = \frac{u_\infty L}{\nu} = \frac{5 \times 4}{1 \times 10^{-5}} = 2 \times 10^6$$

整个平板的单侧阻力为：
$$F_D = \frac{\rho u_\infty^2 b}{2}\left(\frac{1.3 x_l}{\sqrt{Re_r}} + \frac{0.074 L}{\sqrt[5]{Re_L}} - \frac{0.074 x_l}{\sqrt[5]{Re_r}}\right)$$
$$= \frac{1.29 \times 5^2 \times 1}{2} \times \left(\frac{1.3 \times 0.9}{\sqrt{4.5 \times 10^5}} + \frac{0.074 \times 4}{\sqrt[5]{2 \times 10^6}} - \frac{0.074 \times 0.9}{\sqrt[5]{4.5 \times 10^5}}\right)$$
$$= 0.21(\text{N})$$

【5-21】 一宽度 $b = 5\text{m}$，长度 $l = 50\text{m}$ 的平板以 $u = 5\text{m/s}$ 的速度在空气中运动，空气的运动黏度为 $\nu = 1.5 \times 10^{-5}\text{m}^2/\text{s}$，若转换雷诺数 $Re = 3 \times 10^6$。试求：

(1) 平板末端的边界层厚度；
(2) 平板总阻力 F_D。

解：(1) 根据转换雷诺数
$$Re_r = \frac{u x_l}{\nu}$$

得层流边界层长度为：
$$x_l = \frac{Re_r \nu}{u} = \frac{3 \times 10^6 \times 1.5 \times 10^{-5}}{5} = 9(\text{m})$$

所以 9m 以后为湍流边界层。下面计算混合边界层中的湍流边界层的厚度。

如习题 5-21 图所示，前 9m 为层流区，后 41m 为湍流区。由于一般平板湍流的近似解均以起点为湍流转态推导得到，不适用于混合边界层。因此需根据层流/湍流转换处的边界层厚度 δ_r 反推湍流边界层的起始位置(为公式计算的起始位置，并非实际的湍流起始位置)，即计算 Δl 的值。

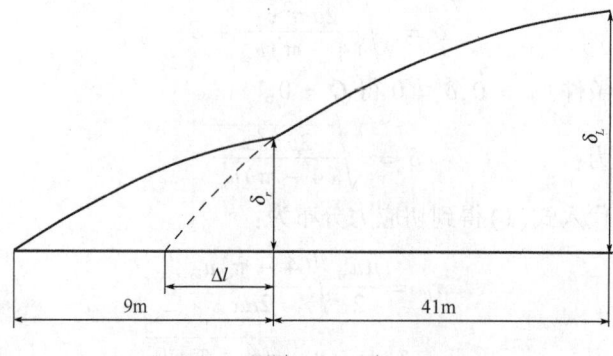

习题 5-21 图

根据层流边界层的近似解,其厚度计算式为:

$$\delta = 5.48 \frac{x}{\sqrt{Re_x}}$$

层流/湍流转换处的边界层厚度为:

$$\delta_r = 5.48 \frac{r}{\sqrt{Re_r}} = 5.48 \times \frac{9}{\sqrt{3 \times 10^6}} = 0.0285(m)$$

湍流边界层厚度的计算公式为:

$$\delta = \frac{0.37x}{\sqrt[5]{Re_x}}$$

令 $\delta = \delta_r$,代入得:

$$\delta_r = \frac{0.37 \Delta l}{\sqrt[5]{\dfrac{5 \times \Delta l}{1.5 \times 10^{-5}}}} = 0.0285$$

解得:

$$\Delta l = 0.975 m$$

所以平板末端的湍流边界层厚度为:

$$\delta_L = \frac{0.37 \times (0.975 + 41)}{\sqrt[5]{\dfrac{5 \times (0.975 + 41)}{1.5 \times 10^{-5}}}} = 0.578(m)$$

(2)平板尾部雷诺数为:

$$Re_L = \frac{uL}{\nu} = \frac{5 \times 50}{1.5 \times 10^{-5}} = 1.67 \times 10^7$$

平板总阻力为:

$$F_D = \frac{\rho u_\infty^2 b}{2}\left(\frac{1.3 x_l}{\sqrt{Re_r}} + \frac{0.074 L}{\sqrt[5]{Re_L}} - \frac{0.074 x_l}{\sqrt[5]{Re_r}}\right)$$

$$= \frac{1.29 \times 5^2 \times 5}{2}\left(\frac{1.3 \times 9}{\sqrt{3 \times 10^6}} + \frac{0.074 \times 50}{\sqrt[5]{1.67 \times 10^7}} - \frac{0.074 \times 9}{\sqrt[5]{3 \times 10^6}}\right)$$

$$= 8.54(N)$$

【5-22】 圆柱形烟囱高 $h = 20m$,直径 $d = 0.6m$,水平风速 $u_\infty = 20 m/s$,求烟囱所受的水平推力。

【分析】 考查圆柱体绕流总阻力计算式。

解:

$$Re = \frac{u_\infty d}{\nu} = \frac{20 \times 0.6}{1.5 \times 10^{-5}} = 8 \times 10^5$$

单位长度圆柱体的总阻力可按下式计算:

$$F_D = C_D d \rho \frac{u_\infty^2}{2}$$

其中,C_D 是雷诺数的函数。根据实验获得的"圆柱绕流阻力系数曲线"可查得:当 $Re = 8 \times 10^5$ 时,$C_D = 0.35$。

单位长度烟囱所受水平推力为:

$$F_D = C_D d \rho \frac{u_\infty^2}{2} = 0.35 \times 0.6 \times 1.29 \times \frac{20^2}{2} = 54.18(\text{N})$$

整个烟囱所受推力为:$F = 20 \times 54.18 = 1083.6(\text{N})$

【5-23】 输电塔间距 500m,两塔间架设 20 根直径 2cm 的电缆线。已知空气的密度为 1.29kg/m^3,空气的黏度为 $0.7 \times 10^{-5} \text{Pa} \cdot \text{s}$。假设电缆之间无干扰,试求风速以 80km/h 横向吹过电缆时电塔所承受的力。

解:雷诺数为:

$$Re = \frac{u_\infty d}{\nu} = \frac{80 \times 0.02}{3.6 \times 0.7 \times 10^{-5}} = 6.35 \times 10^4$$

根据雷诺数查"圆柱绕流阻力系数曲线"的阻力系数为 $C_D = 1.3$。

单位长度电缆线所受水平推力为:

$$F_D = C_D d \rho \frac{u_\infty^2}{2} = 1.3 \times 0.02 \times 1.29 \times \frac{\left(\frac{80}{3.6}\right)^2}{2} = 8.28(\text{N})$$

20 根电缆线所受的总的推力为:

$$F = 20 \times 500 \times 8.28 = 82.8(\text{kN})$$

单个电塔受力为:

$$F' = \frac{82.8}{2} = 41.4(\text{kN})$$

【5-24】 在 1000m 高空有一直径 $d = 1\text{m}$ 的气球用绳索拉住,绳索与地面倾角为 60°,不计气球重量,求风速。

【分析】 考查圆柱体绕流的总阻力。通过受力分析得到空气绕过气球时的阻力,然后反求风速。

解:如习题 5-24(a)图所示,气球在三个力共同作用下保持平衡状态。

根据阿基米德定理得浮力为:

$$F_\text{浮} = \rho_\text{空} g V_\text{排} = 1.29 \times 9.8 \times \frac{4}{3} \times \pi \times 0.5^3 = 6.62(\text{N})$$

空气对气球的推力为:

$$F_D = \frac{F_\text{浮}}{\tan\alpha} = \frac{6.62}{\tan 60°} = 3.8(\text{N})$$

圆球的绕流阻力计算公式为:

$$F_D = C_D d \rho \frac{u_\infty^2}{2} \tag{1}$$

如习题 5-24(b)图所示为圆球绕流的阻力系数 C_D 与雷诺数的关系图,由图可见当 Re 在 $1000 \sim 10^6$ 范围内时 C_D 约等于 0.4。因此先假设该问题的雷诺数在此范围内。

由式(1)得:

$$3.8 = 0.4 \times 1 \times 1.29 \times \frac{u_\infty^2}{2}$$

(a) 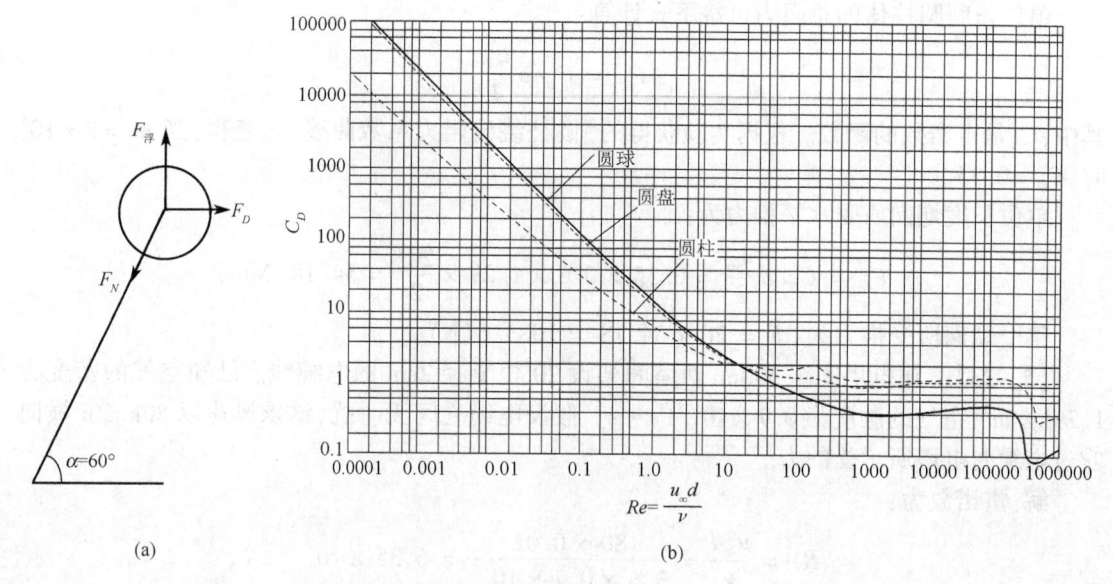   (b)

习题 5-24 图

解得: $\qquad u_\infty = 3.838 \text{m/s}$

反算雷诺数为: $\qquad Re = \dfrac{u_\infty d}{\nu} = \dfrac{3.838 \times 1}{1.5 \times 10^{-5}} = 2.559 \times 10^5$

雷诺数在 $1000 \sim 10^6$ 范围内,因此假设成立。

最终确定风速为: $\qquad u_\infty = 3.838 \text{m/s}$

— 88 —

第六章 相似原理及量纲分析

如第一章所述,实验研究方法是研究流体力学的重要方法之一,对于很多工程问题必须依靠实验方法来得以确定。在进行流体力学实验时,往往按照相似原理来设计实验模型,例如通过船模实验来计算船舶的阻力。在进行实验前,往往通过量纲分析对影响流动的物理参数进行分析,为指导实验、处理实验数据提供方向。

第一节 重点与难点解析

1. 流动相似

在几何相似的空间中的流动系统,若对应点处的同名物理量之间成一定比例,那么这两个流动系统是相似的。流动相似包括几何相似、运动相似和动力相似。

几何相似是指原型流动和模型流动的空间及边界条件对应的几何尺寸成比例、几何角相等。运动相似是指原型和模型两个流场的空间和边界所对应点上的速度方向相同、大小成比例。动力相似是指原型和模型两个流场对应点上的同类力的方向相同,大小成比例。在进行模型试验时,一般通过动力相似和几何相似来保证运动相似。

2. 相似准则

在几何相似的流场中,为保证动力相似,就要使对应点上的各种力的比值满足一定的约束关系,这种约束关系称为相似准则。由 N—S 方程可以得到,只要原型流场和模型流场对应的准则数相等,就能够保证动力相似。四个准则数的概念及意义如下:

(1)斯特劳哈尔数。

意义:流体的当地惯性力与迁移惯性力的比值。

表达式:$$Sr = \frac{m \cdot \frac{\partial u}{\partial t}}{m \cdot u \frac{\partial u}{\partial x}} = \frac{\rho l^3 u/t}{\rho l^2 u^2} = \frac{l}{ut}$$

(2)弗劳德数。

意义:惯性力与重力的比值。

表达式：
$$Fr = \frac{m \cdot a}{m \cdot g} = \frac{\rho l^2 u^2}{\rho g l^3} = \frac{u^2}{gl}$$

(3) 欧拉数。

意义：表示淹没在流体中的物体表面上的压力与惯性力的比值。

表达式：
$$Eu = \frac{pl^2}{\rho l^2 u^2} = \frac{p}{\rho u^2}$$

(4) 雷诺数。

意义：惯性力与黏性力的比值。

表达式：
$$Re = \frac{\rho l^2 u^2}{\mu l u} = \frac{ul}{\nu}$$

3. 量纲与单位

量纲：物理量由自身的物理属性和为度量物理属性而规定的量度单位两个因素组成。把物理量自身的物理属性称为量纲（或因次），量纲是物理量的实质，不含有人为的影响。通常以 L 代表长度量纲，以 M 代表质量量纲，以 T 代表时间量纲。量纲的表达式常用 dim 来表示，例如面积的量纲为：

$$\dim A = L^2$$

单位：指人为规定的量度标准。例如长度的单位为米。

物理量由量纲和单位两部分组成，如图 6-1 所示。

图 6-1

4. 基本量纲与导出量纲

把无任何联系且相互独立的量纲作为基本量纲。在国际单位制中，取 M—L—T—Θ 作为基本量纲系，即取质量 M、长度 L、时间 T 和温度 Θ 作为基本量纲。

由基本量纲导出的量纲称为导出量纲。

对于不可压缩流动，取 M、L、T 三个基本量纲，其他物理量的量纲均可表示为：

$$\dim \Phi = M^\alpha L^\beta T^\gamma$$

5. 量纲和谐原理

一个正确反映客观规律的物理方程式中各项的量纲是一致的，这就是量纲和谐原理，或称为量纲齐次原理。量纲和谐原理表明，凡正确反映客观规律的物理方程式，一定能表示成由无量纲物理量组成的无量纲方程。量纲和谐原理规定了一个物理过程中有关物理量之间的关系。

根据量纲和谐原理，在计算一个物理量的量纲时，可通过其定义公式、公式中各个物理量的单位快速求出以 kg、m、s 表示的单位，再转化为量纲的形式。例如求力的量纲：

$$1N = 1kg \cdot m/s^2$$

所以力的量纲为：
$$\dim F = MLT^{-2}$$

6. 瑞利法

瑞利法是一种量纲分析方法，基本原理为量纲和谐原理。对某一物理量 q_n 进行量纲分析的步骤如下：

(1) 通过观察、实验等方式,确定影响 q_n 的主要因素为 $q_1,q_2,\cdots,q_{n-1}$;

(2) 设 q_n 可表示为其他物理量的某种幂次乘积:

$$\dim q_n = \dim K q_1^{a_1} q_2^{a_2} \cdots q_{n-1}^{a_{n-1}}$$

式中,K 为无量纲系数,由实验确定。$a_1,a_2,\cdots,a_{n-1}$ 为指数,由量纲分析得出。

(3) 将各个物理量的量纲展开,根据量纲和谐原理可得 M、L、T 上的指数相等,因此可以列出关于 $a_1,a_2,\cdots,a_{n-1}$ 的方程组,求解各个指数。为使方程组有解,$n-1$ 应小于等于3。所以瑞利法只适用于求解涉及少于4个物理量的问题的量纲分析。

7. π 定理

π 定理是一种化有量纲的函数关系为无量纲的函数关系的方法。一般过程如下:

(1) 找出影响物理现象的变量 $q_1,q_2,\cdots,q_n$,设其满足函数关系式:

$$f(q_1,q_2,\cdots,q_n) = 0$$

(2) 从(1)中的 n 个变量中选取三个基本变量(分别与质量、长度和时间相关) q_i,q_j,q_k。

(3) 将其余 $n-3$ 个变量与三个基本变量组合成 $n-3$ 个无量纲数,每个无量纲数均可表示为:

$$\pi_m = q_m q_i^{a_m} q_j^{b_m} q_k^{c_m}$$

根据量纲和谐原理可以求得第 m 个无量纲数 π_m 的系数 a_m、b_m 和 c_m。

(4) 得到无量纲方程: $f_1(\pi_1,\pi_2,\cdots,\pi_{n-3}) = 0$

第二节 典型例题精讲

【例6-1】 如例6-1图所示,溢流堰模型长度比尺 $\lambda_l = 20$。当在模型上测得模型流量 $Q_m = 80\text{L/s}$,堰前水深 $H_m = 0.75\text{m}$,水流推力 $P_m = 100\text{N}$,求原型溢流堰通过的流量 Q_P、堰前水深 H_P 和实际水流推力 P_P。

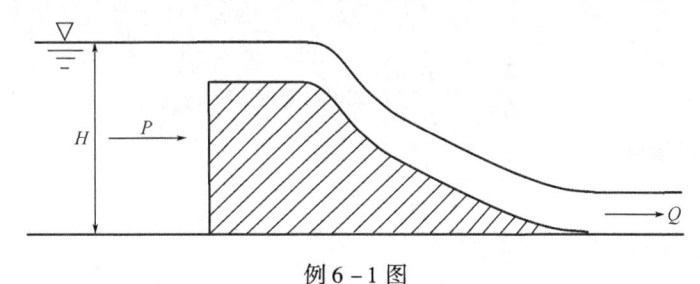

例6-1图

解:溢流问题主要受重力作用,故应受弗劳德数准则控制,即:

$$\frac{\lambda_u^2}{\lambda_g \lambda_l} = 1$$

由于 $\lambda_g = 1$,则 $\lambda_u = \lambda_l^{1/2}$,$\lambda_Q = \dfrac{Q_P}{Q_m} = \lambda_A \lambda_u = \lambda_l^{5/2}$,故:

$$Q_P = \lambda_Q Q_m = \lambda_l^{5/2} Q_m = 20^{5/2} \times 0.08 = 143.1(\text{m}^3/\text{s})$$

$$H_P = \lambda_l \cdot H_m = 20 \times 0.75 = 15(\text{m})$$

又因为力的比尺可写为 $\lambda_F = \lambda_P \lambda_l^2 \lambda_u^2$，而且 $\lambda_\rho = 1$，则：

$$\lambda_P = \lambda_F = \lambda_l^3$$

$$P_P = \lambda_P P_m = \lambda_l^3 P_m = 20^3 \times 100 = 800(\text{kN})$$

【例 6-2】 煤油管路上的文丘里流量计，入口直径为 300mm，喉部直径为 50mm，在 1:3 的模型中用水进行实验，已知煤油的相对密度为 0.82，水的运动黏度为 1.0×10^{-6} m/s，煤油的运动黏度为 4.5×10^{-6} m²/s。

(1) 已知原型煤油流量 $Q_R = 100$ m³/s，为达到动力相似，模型中水的流量 Q_m 应为多少？

(2) 若在模型中测得入口和喉部断面的测压管水头差 $\Delta h_m = 1.05$m，推算原型中的测压管水头差 Δh_R 应为多少。

解： 此流动的主要作用力为压力和阻力，所以决定相似的准则数为雷诺数和欧拉数。

(1) 由阻力相似的比例尺关系：

$$Re_R = Re_m, \text{即} \frac{u_R d_R}{\nu_R} = \frac{u_m d_m}{\nu_m}$$

可得：

$$\frac{u_R d_R}{u_m d_m} = \frac{\nu_R}{\nu_m} \rightarrow c_u \cdot c_l = c_\nu$$

流量比例尺为：

$$c_Q = c_u \cdot c_l \cdot c_l = c_\nu \cdot c_l = \frac{4.5 \times 10^{-6}}{1.0 \times 10^{-6}} \times 3 = 13.5$$

则可得到模型中的流量：

$$Q_m = \frac{Q_R}{c_Q} = \frac{100}{13.5} = 7.4(\text{m}^3/\text{s})$$

(2) 由压力相似的比例尺关系：

$$\frac{\Delta p_R}{\rho_R u_R^2} = \frac{\Delta p_m}{\rho_m u_m^2}$$

可得：

$$\frac{\Delta p_R}{\Delta p_m} = \frac{\rho_R u_R^2}{\rho_m u_m^2} \rightarrow c_{\Delta p} = c_\rho \cdot c_u^2$$

因为有 $p = \gamma h$，则可得到：

$$c_{\Delta p} = c_\gamma \cdot c_{\Delta h}$$

则可得到：

$$c_{\Delta h} = \frac{c_\rho}{c_\gamma} \cdot c_u^2 = c_u^2$$

由原型与模型的雷诺数相等可得出：

$$c_u = \frac{c_\nu}{c_l}$$

则可得到：

$$c_{\Delta h} = \left(\frac{c_\nu}{c_l}\right)^2 = \left(\frac{4.5}{3}\right)^2 = 2.25$$

$$\Delta h_R = c_{\Delta h} \cdot \Delta h_m = 2.25 \times 1.05 = 2.36(\text{m})$$

【例 6 – 3】 如例 6 – 3 图所示,试用瑞利法分析溢流堰过流时单宽流量 q 的表达式。已知 q 与堰顶水头 H、水的密度 ρ 和重力加速度 g 有关。

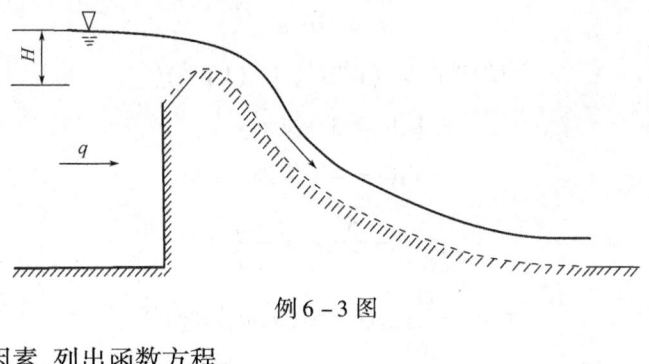

例 6 – 3 图

解: 分析影响因素,列出函数方程。

根据题意可知,溢流堰过流时单宽流量 q 与堰顶水头 H、水的密度 ρ 和重力加速度 g 有关,用函数关系式表示为:

$$q = f(H, \rho, g)$$

将 q 写成 H、ρ、g 的指数乘积形式,即:

$$q = kH^x \rho^y g^z$$

写出量纲表达式:

$$L^2 T^{-1} = L^x (ML^{-3})^y (LT^{-2})^z$$

由量纲和谐性原理求各量纲指数:

$$\left.\begin{array}{l} 2 = x - 3y + z \\ 0 = y \\ -1 = -2z \end{array}\right\} \Rightarrow \left.\begin{array}{l} x = 3/2 \\ y = 0 \\ z = 1/2 \end{array}\right\}$$

代入指数乘积式,得:

$$q = kH^{3/2} \rho^0 g^{1/2} = k\sqrt{g} H^{3/2}$$

即:

$$q = k_1 \sqrt{g} H^{3/2} = m\sqrt{2g} H^{3/2}$$

式中,k 为无量纲系数,即流量系数 m,由实验来确定。

【例 6 – 4】 由实验观测得知,如例 6 – 4 图所示的三角形薄壁堰的流量 Q 与堰上水头 H、重力加速度 g、堰口角度 θ 以及反映水舌收缩和堰口阻力情况等的流量系数 m_0(无量纲数)有关。试用 π 定理导出三角形堰的流量公式。

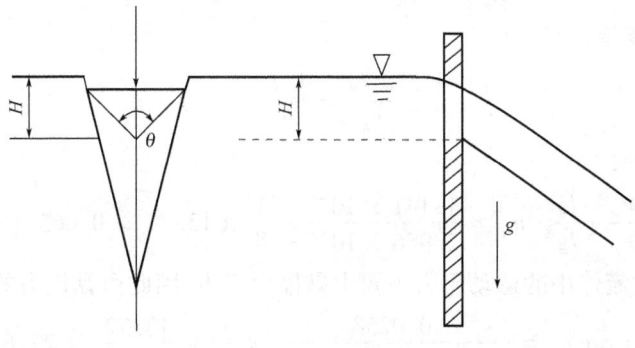

例 6 – 4 图

解：
$$Q = f(H,g,m_0)$$

选 H,g 为基本量，由于 θ 和 m_0 均为无量纲数，所以只有一个 π。

$$\pi = QH^x g^y$$
$$L^0 M^0 T^0 = (L^3 T^{-1}) L^x (LT^{-2})^y$$
$$L:0 = 3 + x + y$$
$$T:0 = -1 - 2y$$

解得：
$$x = -\frac{5}{2},\ y = -\frac{1}{2}$$

$$\pi = \frac{Q}{\sqrt{gH^5}},\ Q = \varphi(\theta,m_0)\sqrt{g}H^{\frac{5}{2}}$$

令：
$$\varphi(\theta,m_0) = m$$

则：
$$Q = m\sqrt{g}H^{\frac{5}{2}}$$

第三节　课后习题详解

【6-1】 为了研究在油液中水平运动的几何尺寸较小的固体颗粒的运动特性，用放大 8 倍的模型在 15℃水中进行实验。物体在油液中运动速度为 13.72 m/s，油的密度 864 kg/m³，黏度为 0.0258 N·s/m²。

(1) 为保证模型与原型流动相似，模型运动物体的速度应取多大？

(2) 实验测定出模型运动物体所受阻力为 3.56 N，试求原型固体颗粒所受阻力。

【分析】 模型与原型流动相似，必须保证几何相似和动力相似。由题意可知，将原型放大 8 倍，已经保证了几何相似。欲保证动力相似，则应使关键的准则数相等，这里涉及物体在黏性流体中的运动问题，应保证雷诺数相等。

解：(1) 由题目得原型长度与模型长度的比值：

$$c_l = \frac{l_R}{l_m} = \frac{1}{8}$$

油品的运动黏度为：

$$\nu_R = \frac{\mu_R}{\rho_R} = \frac{0.0258}{864} = 2.986 \times 10^{-5}\ (\text{m}^2/\text{s})$$

为保证雷诺数相等，应满足：

$$\frac{u_R l_R}{\nu_R} = \frac{u_m l_m}{\nu_m}$$

解得模型运动速度为：

$$u_m = \frac{\nu_m}{\nu_R} \cdot \frac{l_R}{l_m} \cdot u_R = \frac{1.141 \times 10^{-6}}{2.986 \times 10^{-5}} \times \frac{1}{8} \times 13.72 = 0.0655\ (\text{m/s})$$

(2) 物体在黏性流体中的运动阻力主要由黏性力产生，因此由黏性力的表达式得：

$$c_F = c_\mu c_l c_u = \frac{0.0258}{2.986 \times 10^{-5} \times 1000} \times \frac{1}{8} \times \frac{13.72}{0.0655} = 22.623$$

即：
$$c_F = \frac{F_R}{F_m} = 22.623, \quad F_R = 22.623 F_m = 22.623 \times 3.56 = 80.54(\text{N})$$

【6-2】 用水管模拟输油管道。已知输油管直径500mm,管长100m,输油量$0.1\text{m}^3/\text{s}$,油的运动黏度为$1.5 \times 10^{-4}\text{m}^2/\text{s}$,水管直径25mm,水的运动黏度为$1.01 \times 10^{-6}\text{m}^2/\text{s}$。试求：

(1)模型管道的长度和模型的流量。

(2)如模型上测得的压强差$\Delta p/\rho g = 2.35\text{cm}$水柱,输油管上的压强差$\Delta p/\rho g$是多少?

【分析】 黏性流体流动相似时应保证雷诺数相等。

解:(1)由题意可知长度比例尺为:
$$c_l = \frac{l_R}{l_m} = \frac{d_R}{d_m} = \frac{500}{25} = 20$$

解得模型管道长度为:
$$l_m = \frac{l_R}{20} = \frac{100}{20} = 5(\text{m})$$

由雷诺数相等有:
$$\frac{u_R l_R}{\nu_R} = \frac{u_m l_m}{\nu_m}$$

解得速度比例尺:
$$c_u = \frac{u_R}{u_m} = \frac{\nu_R}{\nu_m} \cdot \frac{l_m}{l_R} = \frac{1.5 \times 10^{-4}}{1.01 \times 10^{-6}} \times \frac{1}{20} = 7.426$$

所以流量比例尺为:
$$c_Q = c_u c_l^2 = 7.426 \times 20^2 = 2970.4$$

即模型管道的流量为:
$$Q_m = \frac{Q_R}{c_Q} = \frac{0.1}{2970.4} = 3.367 \times 10^{-5}(\text{m}^3/\text{s})$$

(2)由欧拉数相等有:
$$\frac{\Delta p_R}{\rho_R u_R^2} = \frac{\Delta p_m}{\rho_m u_m^2}$$

解得:
$$\frac{\Delta p_R}{\Delta p_m} = \frac{\rho_R u_R^2}{\rho_m u_m^2} = \frac{860}{1000} \times 7.426^2 = 47.425$$

所以水柱表示的压强差之比为:
$$\frac{\left(\frac{\Delta p}{\rho g}\right)_R}{\left(\frac{\Delta p}{\rho g}\right)_m} = \frac{\Delta p_R}{\Delta p_m} \cdot \frac{\rho_m}{\rho_R} = 47.425 \times \frac{1000}{860} = 55.145$$

即输油管上的压力差为:
$$\left(\frac{\Delta p}{\rho g}\right)_R = 55.145 \times 2.35 = 129.6(\text{cm 油柱})$$

【6-3】 为研究输水管道上直径600mm阀门的阻力特性,采用直径300mm、几何相似的阀门用气流做模型实验。已知输水管道的流量为$0.283\text{m}^3/\text{s}$,水的运动黏度$\nu = 1 \times 10^{-6}\text{m}^2/\text{s}$,空气的运动黏度$\nu_m = 1.6 \times 10^{-5}\text{m}^2/\text{s}$,试求模型的气流量。

【分析】 求模型流量,需求得原型与模型的流速比例尺和长度比例尺,长度比例尺在题中已给出,流速比例尺可通过原型与模型的雷诺数相等求得。

解:由雷诺数相等有:

$$\frac{u_R l_R}{\nu_R} = \frac{u_m l_m}{\nu_m}$$

得到流速比例尺:

$$\frac{u_R}{u_m} = \frac{\nu_R}{\nu_m} \cdot \frac{l_m}{l_R} = \frac{1 \times 10^{-6}}{1.6 \times 10^{-5}} \times \frac{300}{600} = 0.03125$$

流量比为:

$$\frac{Q_R}{Q_m} = \frac{u_R}{u_m} \cdot \left(\frac{l_R}{l_m}\right)^2 = 0.03125 \times \left(\frac{600}{300}\right)^2 = 1.25$$

所以模型的气流量为:

$$Q_m = \frac{Q_R}{1.25} = \frac{0.283}{1.25} = 0.2264 (\mathrm{m^3/s})$$

【6-4】 为研究汽车的动力特性,在风洞中进行模型实验。已知汽车高 $h_R = 1.5\mathrm{m}$,模型车的高度 $h_m = 1\mathrm{m}$,行车速度 $u_R = 30\mathrm{m/s}$,测得模型车的阻力 $P_m = 1.4\mathrm{kN}$,试求风洞风速 u_m 和汽车受到的阻力。

【分析】 在求风速时,涉及物体在黏性流体中的运动(本题为相对运动),应使雷诺数相等。在求汽车受到的阻力时,主要为汽车正面受到的风压,应使欧拉数相等。

解:由雷诺数相等有:

$$\frac{u_R l_R}{\nu_R} = \frac{u_m l_m}{\nu_m}$$

得速度比例尺为:

$$\frac{u_R}{u_m} = \frac{\nu_R}{\nu_m} \cdot \frac{l_m}{l_R} = 1 \times \frac{1}{1.5} = \frac{2}{3}$$

所以得风洞速度为:

$$u_m = \frac{u_R}{\frac{2}{3}} = 30 \times \frac{3}{2} = 45(\mathrm{m/s})$$

由欧拉数相等:

$$\frac{p_R}{\rho_R u_R^2} = \frac{p_m}{\rho_m u_m^2}$$

解得压强比例尺为:

$$\frac{p_R}{p_m} = \frac{\rho_R u_R^2}{\rho_m u_m^2} = 1 \times \left(\frac{2}{3}\right)^2 = \frac{4}{9}$$

压力比为:

$$\frac{P_R}{P_m} = \frac{p_R}{p_m} \cdot \left(\frac{l_R}{l_m}\right)^2 = \frac{4}{9} \times \left(\frac{3}{2}\right)^2 = 1$$

所以汽车受到的阻力为: $P_R = 1.4\mathrm{kN}$

【6-5】油泵抽储油池中的石油,为保证不发生漩涡及吸入空气,必须用实验方法确定最小油位 h。已知原型设备中吸入管直径 $d_R = 250\mathrm{mm}$, $\nu_R = 0.75 \times 10^{-4}\mathrm{m^2/s}$, $Q_R = 140\mathrm{L/s}$,实验在1:5的模型中进行,试确定:

(1)模型中 ν_m 和 Q_m。

(2)若模型中出现漩涡的最小液柱高度 $h_m = 60\mathrm{mm}$,求 h_R。

【分析】 由模型与原型的弗劳德数相等可得流速比例尺,进而求出流量比例尺。由雷诺数相等可以求得黏度比。

解:(1)由弗劳德数相等得:

$$\frac{u_R^2}{gl_R} = \frac{u_m^2}{gl_m}$$

流速比例尺为:

$$\frac{u_R}{u_m} = \sqrt{\frac{l_R}{l_m}} = \sqrt{\frac{5}{1}} = \sqrt{5}$$

流量比例尺为:

$$\frac{Q_R}{Q_m} = \frac{u_R}{u_m} \cdot \left(\frac{l_R}{l_m}\right)^2 = \sqrt{5} \times \left(\frac{5}{1}\right)^2 = 25\sqrt{5}$$

模型流量为:

$$Q_m = \frac{Q_R}{25\sqrt{5}} = \frac{140}{25\sqrt{5}} = 2.5(\text{L/s})$$

由雷诺数相等得:

$$\frac{\nu_R}{\nu_m} = \frac{u_R}{u_m} \cdot \frac{l_R}{l_m} = \sqrt{5} \times 5 = 5\sqrt{5}$$

即模型中流体黏度为:

$$\nu_m = \frac{\nu_R}{5\sqrt{5}} = \frac{0.75 \times 10^{-4}}{5\sqrt{5}} = 6.7 \times 10^{-6}(\text{m}^2/\text{s})$$

(2)由几何相似得:

$$\frac{h_R}{h_m} = \frac{l_R}{l_m} = 5$$

解得:

$$h_R = 5h_m = 5 \times 60 = 300(\text{mm})$$

【6-6】 假设自由落体的下落距离 s 与落体的质量 m、重力加速度 g 及下落时间 t 有关,试用瑞利法导出自由落体下落距离的关系式。

【分析】 本题共涉及四个变量,考查瑞利法进行量纲分析的一般步骤。

解:设下落距离 s 由以下关系式计算:

$$s = km^x g^y t^z$$

其量纲关系式为:

$$L = M^x (LT^{-2})^y T^z$$

根据量纲和谐原理列方程组如下:

$$\left.\begin{array}{l} x = 0 \\ y = 1 \\ -2y + z = 0 \end{array}\right\} \Rightarrow \left.\begin{array}{l} x = 0 \\ y = 1 \\ z = 2 \end{array}\right\}$$

即下落距离的计算式为:

$$s = kgt^2$$

式中,k 为待定常数。

【6-7】 水泵的轴功率 N 与泵轴的转矩 M、角速度 ω 有关,试用瑞利法导出轴功率表达式。

解:设轴功率 N 由以下关系式计算:

$$N = kM^x \omega^y$$

其量纲关系式为:

$$ML^2T^{-3} = (ML^2T^{-2})^x (T^{-1})^y$$

根据量纲和谐原理列方程组如下：

$$\left.\begin{array}{r}1 = x \\ 2 = 2x \\ -3 = -2x - y\end{array}\right\} \Rightarrow \left.\begin{array}{r}x = 1 \\ y = 1\end{array}\right\}$$

即轴功率的计算式为：

$$N = kM\omega$$

式中，k 为待定常数。

【6-8】 圆形孔口出流的流速 u 与作用水头 H、孔口直径 d、水的密度 ρ 和动力黏度 μ、重力加速度 g 有关，试用 π 定理推导孔口流量公式。

【分析】 考查多变量时使用 π 定理进行量纲分析的基本过程。

解：设各个物理量之间满足函数关系式：

$$f(u,H,d,\rho,\mu,g) = 0$$

选择与时间相关的流速 u、与长度有关的孔口直径 d 和与质量有关的密度 ρ 为基本变量。设无量纲量为：

$$\pi_1 = Hu^{x_1}d^{y_1}\rho^{z_1}, \pi_2 = \mu u^{x_2}d^{y_2}\rho^{z_2}, \pi_3 = gu^{x_3}d^{y_3}\rho^{z_3}$$

下面以求 π_1 为例计算第一个无量纲数。

$$M^0L^0T^0 = L(LT^{-1})^{x_1}L^{y_1}(ML^{-3})^{z_1}$$

由量纲和谐原理列出方程组：

$$\left.\begin{array}{r}0 = z_1 \\ 0 = 1 + x_1 + y_1 - 3z_1 \\ 0 = -x_1\end{array}\right\} \Rightarrow \left.\begin{array}{r}x_1 = 0 \\ y_1 = -1 \\ z_1 = 0\end{array}\right\}$$

即：

$$\pi_1 = \frac{H}{d}$$

同理求得：

$$\pi_2 = \frac{\mu}{ud\rho}, \pi_3 = \frac{gd}{u^2}$$

设三个无量纲量满足无量纲方程：

$$f_1(\pi_1,\pi_2,\pi_3) = 0$$

即：

$$f_1\left(\frac{H}{d},\frac{\mu}{ud\rho},\frac{gd}{u^2}\right) = 0$$

变形为：

$$\frac{gd}{u^2} = f_2\left(\frac{H}{d},\frac{\mu}{ud\rho}\right)$$

解得：

$$u = \sqrt{gd}f_3\left(\frac{H}{d},\frac{\mu}{ud\rho}\right)$$

引入雷诺数：

$$u = \sqrt{gd}f_4\left(\frac{H}{d},Re\right)$$

最终得到孔口流量的表达式为：

$$Q = \frac{\pi}{4}d^2 u = \frac{\pi}{4}g^{\frac{1}{2}}d^{\frac{5}{2}}f_4\left(\frac{H}{d}, Re\right)$$

【6-9】 球形固体颗粒在流体中的自由沉降速度 u_f 与颗粒的直径 d、密度 ρ_s 以及流体的密度 ρ、动力黏度 μ、重力加速度 g 有关，试用 π 定理证明自由沉降速度关系式：

$$u_f = f\left(\frac{\rho_s}{\rho}, \frac{\rho u_f d}{\mu}\right)\sqrt{gd}$$

【分析】 考查应用 π 定理进行量纲分析，在证明时应注意未定函数 $f(\cdots)$ 的变形。

解：设各个物理量之间满足函数关系式：

$$f(u_f, d, \rho_s, \rho, \mu, g) = 0$$

选择与时间相关的沉降速度 u_f、与长度有关的颗粒直径 d 和与质量有关的流体密度 ρ 为基本变量。设无量纲量为：

$$\pi_1 = \rho_s u_f^{x_1}\rho^{y_1}d^{z_1}, \quad \pi_2 = \mu u_f^{x_2}\rho^{y_2}d^{z_2}, \quad \pi_3 = g u_f^{x_3}\rho^{y_3}d^{z_3}$$

下面以求 π_1 为例计算第一个无量纲数。

$$M^0L^0T^0 = (ML^{-3})(LT^{-1})^{x_1}(ML^{-3})^{y_1}L^{z_1}$$

由量纲和谐原理列出方程组：

$$\left.\begin{array}{l} 0 = 1 + y_1 \\ 0 = -3 + x_1 - 3y_1 + z_1 \\ 0 = -x_1 \end{array}\right\} \Rightarrow \left.\begin{array}{l} x_1 = 0 \\ y_1 = -1 \\ z_1 = 0 \end{array}\right\}$$

即：

$$\pi_1 = \frac{\rho_s}{\rho}$$

同理求得：

$$\pi_2 = \frac{\mu}{u_f d\rho}, \pi_3 = \frac{gd}{u_f^2}$$

设三个无量纲量满足无量纲方程：

$$f_1(\pi_1, \pi_2, \pi_3) = 0$$

即：

$$f_1\left(\frac{\rho_s}{\rho}, \frac{\mu}{u_f d\rho}, \frac{gd}{u_f^2}\right) = 0$$

变化函数得：

$$\frac{gd}{u_f^2} = f_2\left(\frac{\rho_s}{\rho}, \frac{u_f d\rho}{\mu}\right)$$

即：

$$u_f = f_3\left(\frac{\rho_s}{\rho}, \frac{u_f d\rho}{\mu}\right)\sqrt{gd}$$

第七章 管流水力计算

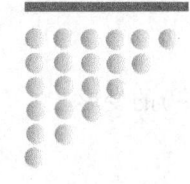

流体力学在实际工程中有广泛的应用,本章将重点研究管道流动中沿程阻力 h_f 与局部阻力的计算方法。学习过程中应掌握流体流动状态的划分,不同流态沿程阻力系数的计算。

第一节 重点与难点解析

1. 沿程阻力计算——达西公式

通过量纲分析,得到管内流体的沿程阻力 h_f 可以表示为如下形式:

$$h_f = \lambda \frac{l}{d} \frac{\bar{u}^2}{2g}$$

式中 λ——沿程阻力系数;
$\bar{u}$——管内截面上的流体平均流速;
l——管道长度;
d——管道内径。

2. 管内流态划分以及沿程阻力系数计算

在第五章,通过解析法求得了层流状态下沿程阻力系数的解析解,但对于湍流,只能借助实验与半经验公式来求解。根据尼古拉兹曲线,可以将流态按雷诺数从小到大分为五个区域,分别为:层流区、层流向湍流过渡区、湍流水力光滑管区、湍流水力粗糙管过渡区和湍流水力粗糙管阻力平方区。各个区域的沿程阻力系数计算如下:

(1)层流区。

范围: $Re \leqslant 2300$

沿程阻力系数: $\lambda = \dfrac{64}{Re}$

(2)层流向湍流过渡区。

范围: $2300 < Re \leqslant 4000$

沿程阻力系数:一般按照水力光滑管区处理。

(3)湍流水力光滑管区。

范围: $4000 < Re \leqslant 26.98 \left(\dfrac{d}{\Delta}\right)^{\frac{8}{7}}$

沿程阻力系数: $\lambda = \begin{cases} \dfrac{0.3164}{Re^{0.25}}, 4000 < Re \leqslant 10^5 \\ 0.032 + \dfrac{0.221}{Re^{0.237}}, 10^5 < Re < 3 \times 10^6 \end{cases}$

(4)湍流水力粗糙管过渡区。

范围: $26.98 \left(\dfrac{d}{\Delta}\right)^{\frac{8}{7}} < Re \leqslant 4160 \left(\dfrac{d}{2\Delta}\right)^{0.85}$

沿程阻力系数: $\dfrac{1}{\sqrt{\lambda}} = -2\lg\left(\dfrac{2.51}{Re\sqrt{\lambda}} + \dfrac{\Delta}{3.7d}\right)$

(5)湍流水力粗糙管阻力平方区。

范围: $Re > 4160 \left(\dfrac{d}{2\Delta}\right)^{0.85}$

沿程阻力系数: $\lambda = \dfrac{1}{\left(1.74 + 2\lg\dfrac{d}{\Delta}\right)^2}$

应注意到,在前三个区域,沿程阻力系数只与雷诺数有关;在湍流水力粗糙管过渡区,沿程阻力系数不仅与雷诺数有关,还和相对粗糙度有关;在湍流水力粗糙管阻力平方区,沿程阻力系数只与相对粗糙度有关。

3.局部阻力产生的原因

引起局部损失的原因大致可以分为三类:流动中流速的重新分布;在漩涡中黏性力做功;流体中质点相互掺混、撞击引起的变化。

4.局部阻力计算公式

管道局部损失 h_j 的计算情况较为复杂,通常用实验或理论分析方法计算时,都写成如下的形式:

$$h_j = \xi \dfrac{u^2}{2g}$$

式中 ξ——局部阻力系数。

5.局部阻力系数

在计算局部阻力系数时,通常是查表得到,在查表时应注意流速与局部阻力系数之间的对应关系。

6.当量长度

在工程应用中,为便于把局部损失与沿程损失合并计算,有时把局部损失换算为当量管长的沿程损失 $l_当$。

$$\xi = \lambda \dfrac{l_当}{d}$$

7. 总阻力计算

管道系统的总阻力等于各个管段的沿程阻力与各个部件的局部阻力之和。在计算时,应根据工程实际或题目要求,可适当忽略一些局部阻力损失。若管道可视为长管,则局部损失可忽略不计。

8. 减少阻力损失的措施

管路中的阻力损失最终将以低级能量(如热、声、振动等)耗散,因此减少阻力损失可提高能量的利用率。根据阻力损失范围分为沿程阻力和局部阻力两部分,所以减少阻力损失也应该从这两方面着手。

减少沿程损失:尽量采用直管以减小管道长度;合理增大管径以降低平均流速;降低管壁的当量粗糙度;尽量采用圆管以减小摩擦面积;降低流体黏度。

减小局部阻力:在满足工艺条件的前提下,尽量减少布局阻力管件,以减少整个系统的局部阻力系数;改善局部阻力管件流动通道的边界形状,使流速大小和方向的变化更趋于平稳。

9. 压力管路的概念

凡是液流充满全管,并在一定压差下流动的管路都称为压力管路。

10. 长管与短管

按照能量损失的组成,可将工程管道分为长管和短管。长管是指流体沿管路流动时,水头损失以沿程损失为主,而局部损失和速度水头二者的总和与沿程损失相比很小,在水力计算时可忽略不计。短管是指流体沿管道流动时局部损失和速度水头在总损失中所占比例较大,与沿程阻力相比不可忽略。

11. 简单管路水力计算的三类问题

简单管路是指管道的截面和粗糙度均不变,输送的流体质量流量始终保持为一常数的管路。在工程计算时,按照已知条件与待求变量的不同,可分为三类问题:

(1)第一类问题。

已知流体的属性、流量、管路参数(管长、管径及粗糙度)和地形(管道起点、终点的高度差),求管路中的压降。

首先按照流量、管径和流体黏度来确定流动状态,然后按照流态确定沿程阻力系数,最后计算流体的沿程阻力损失。

(2)第二类问题。

已知流体的属性、管路参数(管长、管径及粗糙度)、地形和压降,计算流量大小。

首先假设流体流动状态,将沿程阻力系数表示为流量的函数,进而按照沿程阻力系数计算公式和伯努利方程将压降表示为流量的函数,代入已知压降,求得流量。用求得的流量值计算流态,判断是否与假设流态相符合。若符合,则此流量为最终所求流量;若不符合,再假设流态,重复上述步骤。

(3)第三类问题。

给定流体的属性、流量、管长和地形,要求设计最经济的管径。通常是先选择不同的经济流速,确定出不同的管径,再对各个方案进行技术经济比对,选出最优的管径。

12. 串联管路的特点及求解

串联管路各个管段的流量相等,即:

$$Q_1 = Q_2 = \cdots = Q_n = Q$$

串联管路总水头损失等于各个管段水头损失之和,即:

$$h_{f_1} + h_{f_2} + \cdots + h_{f_n} = h_f$$

13. 并联管路的特点及求解

并联管路总流量等于各个管段流量之和,即:

$$Q = Q_1 + Q_2 + \cdots + Q_n$$

并联管路各个支管的水头损失相等:

$$h_{f_1} = h_{f_2} = \cdots = h_{f_n} = h_f$$

在进行并联管路的水力计算时,通常根据上述等式关系,将各个管段的流量比求出,表示为下面的形式:

$$Q_2 = \kappa_2 Q_1, Q_3 = \kappa_3 Q_1, \cdots, Q_n = \kappa_n Q_1$$

然后利用总流量等于各个支管流量的关系,求出各个支管的流量。

第二节 典型例题精讲

【例 7-1】 水从水箱流入管径不同的管道,管道连接情况如例 7-1 图所示,已知:$d_1 = 150\text{mm}$、$l_1 = 25\text{mm}$、$\lambda_1 = 0.037$、$d_2 = 125\text{mm}$、$l_2 = 10\text{mm}$、$\lambda_2 = 0.039$、$\zeta_{进口} = 0.5$、$\zeta_{收缩} = 0.15$、$\zeta_{阀门} = 2.0$(以上 ζ 值均采用发生局部水头损失后的系数)。当管道输水流量为 $90\text{m}^3/\text{h}$ 时,求所需要的水头 H。

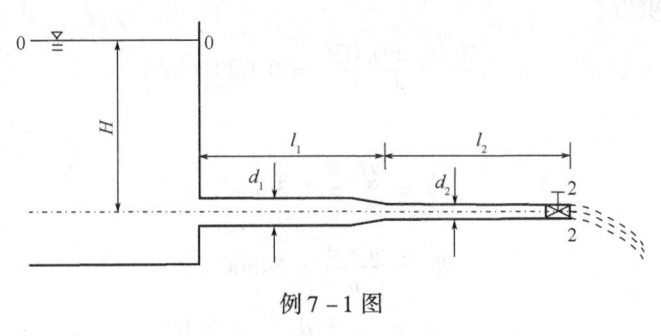

例 7-1 图

解: 在 0-0、2-2 断面间建立伯努利方程:

$$H + 0 + 0 = 0 + 0 + \frac{u_2^2}{2g} + h_w$$

$$h_w = \sum h_f + \sum h_j = h_{f1} + h_{f2} + h_{j进口} + h_{j收缩} + h_{j阀门}$$

$$= \lambda_1 \frac{l_1}{d_1} \frac{u_1^2}{2g} + \lambda_2 \frac{l_2}{d_2} \frac{u_2^2}{2g} + \xi_{进口} \frac{u_1^2}{2g} + \xi_{收缩} \frac{u_2^2}{2g} + \xi_{阀门} \frac{u_2^2}{2g}$$

$$H = \frac{u_2^2}{2g} + h_w = \frac{u_2^2}{2g} + \lambda_1 \frac{l_1}{d_1} \frac{u_1^2}{2g} + \lambda_2 \frac{l_2}{d_2} \frac{u_2^2}{2g} + \zeta_{进口} \frac{u_1^2}{2g} + \zeta_{收缩} \frac{u_2^2}{2g} + \zeta_{阀门} \frac{u_2^2}{2g}$$

$$u_1 = \frac{Q}{A_1} = \frac{0.025}{\frac{3.14 \times 0.15^2}{4}} = 1.415(\text{m/s})$$

$$u_2 = \frac{Q}{A_2} = \frac{0.025}{\frac{3.14 \times 0.125^2}{4}} = 2.04(\text{m/s})$$

代入数据,解得:

$$H = 2.011\text{m}$$

【例7-2】 如例7-2图所示,已知管道内径为$d=30\text{mm}$,流量为$Q=0.18\text{m}^3/\text{min}$。介质密度$\rho=850\text{kg/m}^3$,黏性系数$\nu=2\times10^{-6}\text{m}^2/\text{s}$,泵前管路总局部阻力系数$\zeta_1=3.6$,管长$L_1=65\text{m}$,泵后管路总局部阻力系数$\zeta_2=4.5$,管长$L_2=75\text{m}$,管内壁粗糙度$\Delta=0.19$,紊流时$\lambda=(68/Re+\Delta/d)^{0.7}$。

求:(1)泵的扬程;(2)泵后压力表读数。

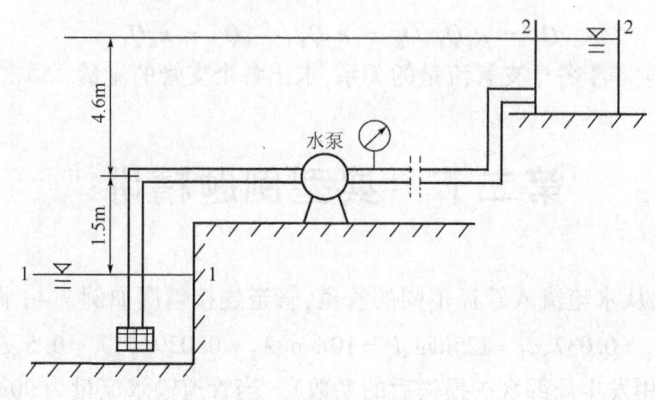

例7-2图

(1)管道截面积为:

$$A = \frac{3.14\times0.03^2}{4} = 0.0007(\text{m}^2)$$

管内流速为:

$$u = \frac{Q}{A} = 4.3\text{m/s}$$

$$Re = \frac{u\cdot d}{\nu} = 64500$$

$$\lambda = (68/Re + \Delta/d)^{0.7} = 0.032$$

$$h_{f1} = \lambda\frac{L_1}{d}\cdot\frac{u^2}{2g} = 65\text{m}$$

$$h_{f2} = \lambda\frac{L_2}{d}\cdot\frac{u^2}{2g} = 75\text{m}$$

$$h_{j1} = \xi_1\cdot\frac{u^2}{2g} = 3.4\text{m}$$

$$h_{j2} = \xi_2\cdot\frac{u^2}{2g} = 4.3\text{m}$$

建立两个自由液面间的伯努利方程:

$$\frac{p_1}{\rho g} + z_1 + \frac{u_1^2}{2g} + H = \frac{p_2}{\rho g} + z_2 + \frac{u_2^2}{2g} + h_f + h_j$$

解得：
$$H = 152.8\text{m}$$

（2）建立压力表处与上自由液面间的伯努利方程：
$$\frac{p_{压}}{\rho g} + z_{压} + \frac{u_{压}^2}{2g} = \frac{p_2}{\rho g} + z_2 + \frac{u_2^2}{2g} + h_f + h_j$$

解得：
$$p_{压} = 7\text{at}$$

【例 7 – 3】 如例 7 – 3 图所示，已知 $H = 40\text{m}$，$l_1 = 150\text{m}$，$l_2 = 100\text{m}$，$l_3 = 120\text{m}$，$l_4 = 800\text{m}$，$D_1 = 100\text{mm}$，$D_2 = 120\text{mm}$，$D_3 = 90\text{mm}$，$D_4 = 150\text{mm}$，$\lambda = 0.025$，不考虑局部阻力，求管路系统水流量 Q、Q_1 和 Q_2。

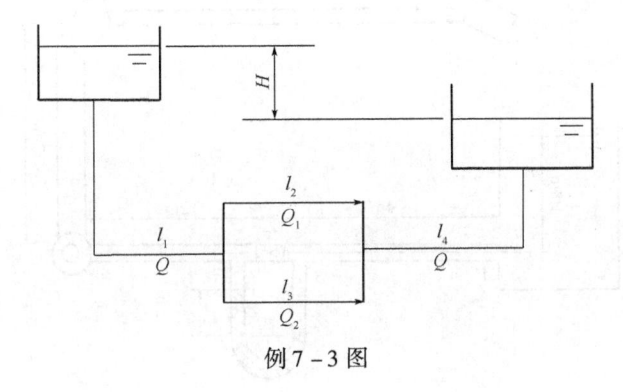

例 7 – 3 图

解：
$$h_{w1} + h_{w2} + h_{w3} = h_w = H$$
$$h_{w21} = h_{w22} = h_{w2}$$
$$Q = Q_1 + Q_2$$

$$h_{w1} = 0.0827 \frac{\lambda l_1 Q^2}{D_1^5} = 0.0827 \times \frac{0.025 \times 150 \times Q^2}{0.1^5} = 31013 Q^2$$

$$h_{w21} = 0.0827 \frac{\lambda l_2 Q_1^2}{D_2^5} = 0.0827 \times \frac{0.025 \times 100 \times Q_1^2}{0.12^5} = 8309 Q_1^2$$

$$h_{w22} = 0.0827 \frac{\lambda l_3 Q_2^2}{D_3^5} = 0.0827 \times \frac{0.025 \times 120 \times Q_2^2}{0.09^5} = 42015 Q_2^2$$

$$h_{w3} = 0.0827 \frac{\lambda l_4 Q^2}{D_4^5} = 0.0827 \times \frac{0.025 \times 800 \times Q^2}{0.15^5} = 21781 Q^2$$

则有：
$$\left.\begin{array}{l} 8309 Q_1^2 = 42015 Q_2^2 \\ 42015 Q_2^2 + (31013 + 21781) Q^2 = H = 40\text{m} \\ Q = Q_1 + Q_2 \end{array}\right\}$$

解方程组得：
$$\left.\begin{array}{l} Q_1 = 0.0185\text{m}^3/\text{s} \\ Q_2 = 0.0082\text{m}^3/\text{s} \\ Q = 0.0267\text{m}^3/\text{s} \end{array}\right\}$$

【例 7-4】 如例 7-4 图所示,水从一容器通过锐边入口进入管系,钢管的内径均为 50mm,用水泵保持稳定的流量 12m³/h,该设备可用于测试新阀门的压力损失。设若在给定流量下水银差压计的示数为 150mmHg,直角入口的局部阻力系数 $\zeta_{入口}=0.5$,弯头阻力系数 $\zeta_{弯头}=0.6$。试求:

(1)通过阀门的压力降;
(2)阀门的局部阻力系数;
(3)恰在阀上游处的静压力;
(4)不计水泵损失求通过该系统的总损失,并计算水泵供给水的功率。

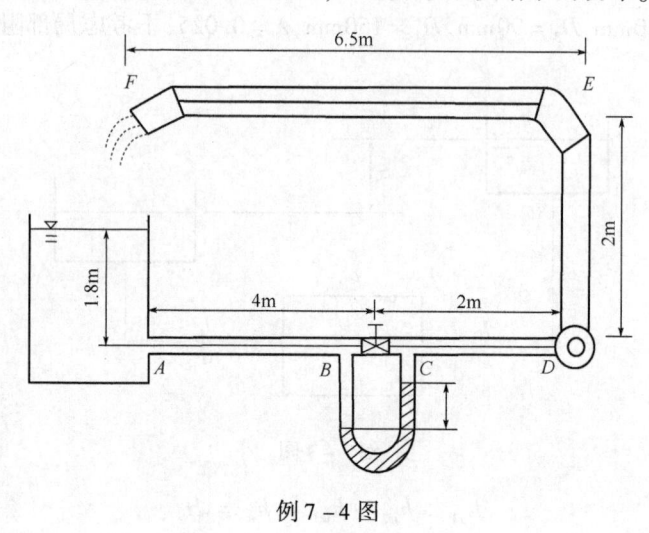

例 7-4 图

解: (1)计算压降:

$$\Delta p = p_1 - p_2 = \Delta h(\rho_{Hg} - \rho)g$$
$$= 0.15 \times (13.6 - 1) \times 9800 = 18.52 (kPa)$$

(2)计算阻力系数:

$$u = \frac{4Q}{\pi d^2} = \frac{4 \times 12}{3.14 \times 3600 \times 0.05^2} = 1.70 (m/s)$$

由:

$$h_j = \zeta_{阀门} \frac{u^2}{2g} = \frac{\Delta p}{\rho g}$$

得:

$$\zeta_{阀门} = 2g \frac{\Delta p}{\rho g u^2} = \frac{2 \times 9.8 \times 18520}{9800 \times 1.70^2} = 12.82$$

(3)列容器内液体面和过 B 的断面能量方程:

$$1.8 = \frac{p}{\rho g} + \frac{u^2}{2g} + h_{w1}$$

其中:

$$h_{w1} = h_f + h_j$$

查表得 21℃ 水的黏度为 $0.985 \times 10^{-6} m^2/s$,所以:

$$Re = \frac{ud}{\nu} = 0.05 \times \frac{1.7}{0.985} \times 10^6 = 86294 < 10^5$$

可设为水力光滑区,则:

— 106 —

$$\lambda = \frac{0.3164}{Re^{0.25}} = 0.0185$$

$$h_{w1} = \left(\lambda \frac{l}{d} + \zeta_{入口}\right)\frac{u^2}{2g} = \left(0.0185 \times \frac{4}{0.05} + 0.5\right) \times \frac{1.7^2}{2 \times 9.8} = 0.29(\text{m})$$

$$p = \rho g\left(1.8 - \frac{u^2}{2g} - h_{w1}\right) = 9.8 \times 10^3 \times \left(1.8 - \frac{1.7^2}{19.6} - 0.29\right) = 13.35(\text{kPa})$$

(4) 总损失：

$$h_w = \lambda \frac{l_{总}}{d}\frac{u^2}{2g} + (\zeta_{入口} + \zeta_{阀门} + 2\zeta_{弯头})\frac{u^2}{2g}$$

$$= \left(\frac{0.0185 \times 14.5}{0.05} + 0.5 + 12.82 + 2 \times 0.6\right) \times \frac{1.7^2}{19.6} = 2.93(\text{m})$$

以容器液面为基准面，列液面和出口断面能量方程可得到泵的扬程：

$$H = (2 - 1.8) + \frac{u^2}{2g} + h_w = 0.2 + \frac{1.7^2}{19.6} + 2.93 = 3.28(\text{m})$$

$$N = \rho g Q H = 9800 \times \frac{12}{3600} \times 3.28 = 107(\text{W})$$

第三节 课后习题详解

【7-1】 水头损失有哪几类？减小水头损失的措施主要有哪些？

答：水头损失主要有沿程损失和局部损失。减小沿程损失的措施主要有：(1)减小管道长度 l；(2)合理增大管径 d；(3)降低管壁当量粗糙度 Δ；(4)尽可能采取圆管，以减小摩擦面积；(5)降低管输流体的黏度。减小局部损失的措施主要有：(1)在满足工艺条件的前提下，尽量减少局部阻力管件；(2)改善局部阻力管件的流动通道的边界形状，使流速大小和方向更趋于均匀。

【7-2】 什么是压力管路？怎样区别水力长管和水力短管？

答：凡是液流充满全管，并在一定压差下流动的管路都称为压力管路。当局部损失与速度水头之和与沿程损失相比较小，可忽略不计时，这样的管路称为水力长管。反之，局部损失与速度水头不可忽略的管路称为水力短管。

【7-3】 如习题 7-3 图所示，两水池水面具有一定的高度差 H，中间有一障碍物隔开。水温为 20℃。水从容器Ⅰ利用虹吸管引到容器Ⅱ中。已知管径 $d = 100\text{mm}$，管道总长 $L = 15\text{m}$，B 点以前的管道长 $L_1 = 6\text{m}$，虹吸管的最高点 B 至水池Ⅰ水面的高度 $h = 4\text{m}$，两水池水位高度差 $H = 5\text{m}$，沿程阻力系数 $\lambda = 0.03$，虹吸管进口的局部阻力系数 $\xi_1 = 0.8$，出口局部阻力系数 $\xi_2 = 1$，弯头的局部阻力系数 $\xi_3 = 0.9$，试求引水的流量 Q 和最大吸水高度 h 值。

【分析】 题目虽然没有给出流量，但直接给出沿程阻力系数，仍属于第一类问题。在求出总阻力损失后，通过列不同管段的伯努利方程可分别求得引水流

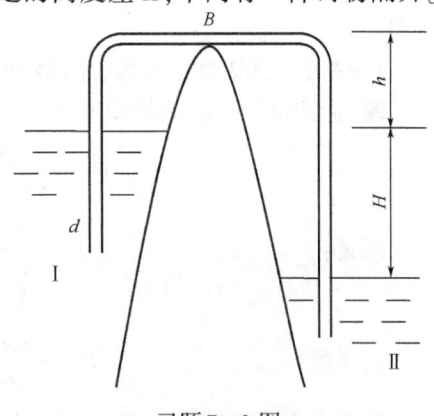

习题 7-3 图

量和最大吸水高度 h。

解：由题意总阻力由沿程阻力损失,进、出口局部阻力损失和两个弯头局部阻力损失构成,总阻力系数为：

$$\xi_{总} = \lambda \frac{L}{d} + \xi_1 + \xi_2 + 2\xi_3$$

$$= 0.03 \times \frac{15}{0.1} + 0.8 + 1 + 2 \times 0.9$$

$$= 8.1$$

总水头损失为：

$$h_{总} = \xi_{总}\frac{u^2}{2g} = \xi_{总}\frac{8Q^2}{\pi^2 g d^4} = 8.1 \times \frac{8}{\pi^2 \times 9.8 \times 0.1^4} \times Q^2 = 6699.6Q^2$$

列两侧液面间的伯努利方程有：

$$\frac{0}{\rho g} + \frac{0^2}{2g} + H = \frac{0}{\rho g} + \frac{0^2}{2g} + 0 + h_{总}$$

即：

$$5 = 6699.6Q^2$$

解得：

$$Q = 0.0273 \, \text{m}^3/\text{s}$$

最高点 B 左侧的总阻力损失为：

$$h'_w = \left(\lambda \frac{L_1}{d} + \xi_1 + \xi_3\right)\frac{u^2}{2g}$$

$$= \left(0.03 \times \frac{6}{0.1} + 0.8 + 0.9\right) \times \frac{8 \times 0.0273^2}{\pi^2 \times 9.8 \times 0.1^4}$$

$$= 2.1575$$

列左侧液面到最高点 B 的伯努利方程有：

$$\frac{p_a}{\rho g} + \frac{0^2}{2g} + 0 = \frac{p_B}{\rho g} + \frac{u^2}{2g} + h + h'_w$$

当 B 点绝对压力近似为 0 时, h 取得最大值, 最大值为：

$$h = \frac{p_a}{\rho g} - \frac{u^2}{2g} - h'_w = 7.56 \text{m}$$

【7-4】 输油管长 5km、直径为 150mm。当量粗糙度为 0.006,输量为 15500kg/h,油品密度为 860kg/m³,运动黏度为 1.0×10^{-5} m²/s,进口压力为 5×10^5 Pa,出口比进口高 10m,求出口压力。

【分析】 已知管道参数、流体物性和流量,求管路压差,属于第一类问题。

解：标准单位表示的体积流量为：

$$Q = \frac{15500}{860 \times 3600} = 5 \times 10^{-3} (\text{m}^3/\text{s})$$

流速：

$$u = \frac{5 \times 10^{-3}}{\frac{\pi}{4} \times 0.15^2} = 0.283 (\text{m}^3/\text{s})$$

雷诺数：

$$Re = \frac{ud}{\nu} = \frac{0.283 \times 0.15}{1 \times 10^{-5}} = 4245$$

湍流水力光滑区与湍流水力粗糙管过渡区之间的临界雷诺数为：

$$Re_1 = 26.98 \left(\frac{d}{\Delta}\right)^{\frac{8}{7}} = 26.98 \times \left(\frac{150}{0.006}\right)^{\frac{8}{7}} = 2865887$$

因为：
$$4000 < Re < Re_1$$

所以流动处于湍流水力光滑区，且小于 10^5，沿程阻力系数计算如下：

$$\lambda = \frac{0.3164}{Re^{0.25}} = \frac{0.3164}{4245^{0.25}} = 0.039$$

沿程阻力损失为：

$$h_f = \lambda \frac{l}{d} \frac{u^2}{2g} = 0.039 \times \frac{5000}{0.15} \times \frac{0.283^2}{2 \times 9.8} = 5.312(\text{m})$$

由伯努利方程得：$\dfrac{\Delta p}{\rho g} = h_f + \Delta H = 5.312 + 10 = 15.312(\text{m})$

压差为：$\Delta p = 129117\text{Pa}$

出口压力为：$p_2 = p_1 - \Delta p = 5 \times 10^5 - 129117 = 370883(\text{Pa})$

【7-5】 通过一段长为180m 的水平镀锌钢管的水的流量为85L/s，水头损失9m，已知 $u = 1.14\text{m/s}$，求钢管直径。

解：流量计算公式为：

$$Q = uA = \frac{\pi}{4}d^2 u$$

得钢管直径为：

$$d = \sqrt{\frac{4Q}{\pi u}} = \sqrt{\frac{4 \times 0.085}{\pi \times 1.14}} = 0.308(\text{m})$$

【7-6】 如习题7-6图所示，水从深 $H = 16\text{m}$ 的水箱中经水平短管排入大气，管道直径 $d_1 = 50\text{mm}, d_2 = 70\text{mm}$，阀门的局部阻力系数 $\xi_{阀门} = 4.0$，忽略沿程损失，试求通过该水平短管的流量。

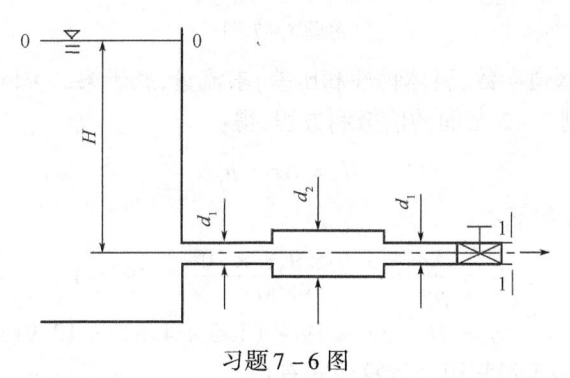

习题7-6图

【分析】 考查水力短管的计算，计算时需注意局部阻力系数与流速之间的对应关系。

解：由大容器进入管道处的局部阻力系数为：

$$\xi_{进口} = 0.5$$

突扩处的阻力系数为：

$$\xi_{突扩} = \left(1 - \frac{A_1}{A_2}\right)^2 = \left[1 - \left(\frac{50}{70}\right)^2\right]^2 = 0.24$$

突缩处的局部阻力系数可按照下式计算：

$$\xi_{突缩} = 0.5 \times \left(1 - \frac{A_2}{A_1}\right) = 0.5 \times \left[1 - \left(\frac{50}{70}\right)^2\right] = 0.245$$

总阻力系数为： $\xi_{总} = \xi_{进口} + \xi_{突扩} + \xi_{突缩} + \xi_{阀门} = 4.985$

列自由液面到出口的伯努利方程得：

$$H = h_j + \frac{u_2^2}{2g} = (\xi_{总} + 1)\frac{u_2^2}{2g}$$

代入数值得：

$$16 = (4.985 + 1)\frac{u_2^2}{2g}$$

解得： $u_2 = 7.24 \text{m/s}$

所以该水平短管的流量为：

$$Q = \frac{\pi d_2^2}{4} \cdot u_2 = \frac{\pi \times 0.05^2}{4} \times 7.24 = 0.0142 (\text{m}^3/\text{s})$$

【7-7】 如习题7-7图所示为泵抽水系统，已知泵前后压差为1.9个大气压，水的黏性系数 $\nu = 2 \times 10^{-6} \text{m}^2/\text{s}$，管道内径 $d = 50\text{mm}$，水管总长 $L = 30\text{m}$，为普通镀锌钢管。试求水的流量(首先假设 $\lambda = 0.03$)。

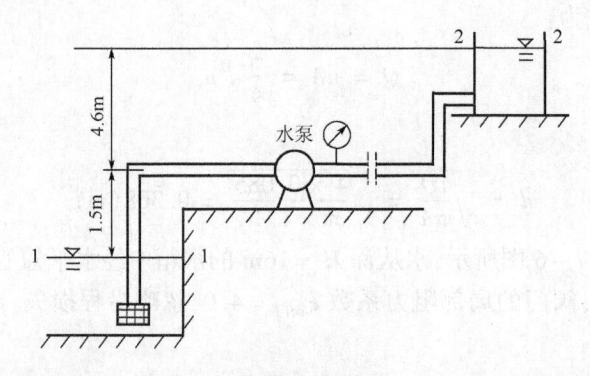

习题7-7图

【分析】 给出了管道参数、流体物性和压差，求流量，属于第二类问题。

解：列1-1截面到2-2截面的伯努利方程，得：

$$H = \Delta z + h_f$$

其中，H 为泵扬程，计算如下：

$$H = \frac{\Delta p}{\rho g} = \frac{1.9 \times 9.8 \times 10^4}{9800} = 19(\text{m})$$

解得沿程阻力损失为： $h_f = H - \Delta z = 19 - (1.5 + 4.6) = 12.9(\text{m})$

假设 $\lambda = 0.03$，则根据沿程阻力计算公式有：

$$0.03 \times \frac{30}{0.05} \times \frac{u^2}{2 \times 9.8} = 12.9$$

解得管内流速为： $u = 3.748 \text{m/s}$

下面验算沿程阻力系数：

$$Re = \frac{ud}{\nu} = \frac{3.748 \times 0.05}{2 \times 10^{-6}} = 93700$$

$$Re_1 = 26.98 \left(\frac{d}{\Delta}\right)^{\frac{8}{7}} = 26.98 \times \left(\frac{500}{0.39}\right)^{\frac{8}{7}} = 96147$$

由于:
$$4000 < Re < Re_1$$
所以流动处于水力光滑区,沿程阻力系数计算如下:
$$\lambda = \frac{0.3146}{Re^{0.25}} = \frac{0.3146}{93700^{0.25}} = 0.01798$$

与假设的结果相差较多,所以应重新假设,并重复上述步骤。编制计算机程序反复迭代是较为简便的方法,最终求得 $\lambda = 0.037$,此时流速为 9.76m/s。

水流量为:
$$Q = \frac{\pi d^2}{4} \cdot u = \frac{\pi \times 0.05^2}{4} \times 9.76 = 0.02(\text{m}^2/\text{s})$$

【7-8】 铁路油槽车卸油流程如习题 7-8 图所示。水龙带长 $H_1 = 5\text{m}$,直径 $d_1 = 90\text{mm}$,管线直径 $d_2 = 75\text{mm}$,各段管长为 $l_1 = 3\text{m}, l_2 = 5\text{m}, H_2 = 6\text{m}, H_3 = 2\text{m}$,罐底到泄油口高 $H_4 = 3\text{m}$,管线上有三个弯头 ($R = 3d$)。当温度为20℃时,油品相对密度为0.75、运动黏度为 $1\text{mm}^2/\text{s}$、饱和蒸气压为3.8m油柱。试求卸油开始及终了时流量各为多少?(水龙带的沿程阻力系数 $\lambda_{胶} = \lambda + \frac{16}{d}\frac{\Delta^2}{e}$,其中 λ 为钢管阻力系数,e 为钢丝间距。这里取 $e = 26\text{mm}, \Delta = 2\text{mm}$)

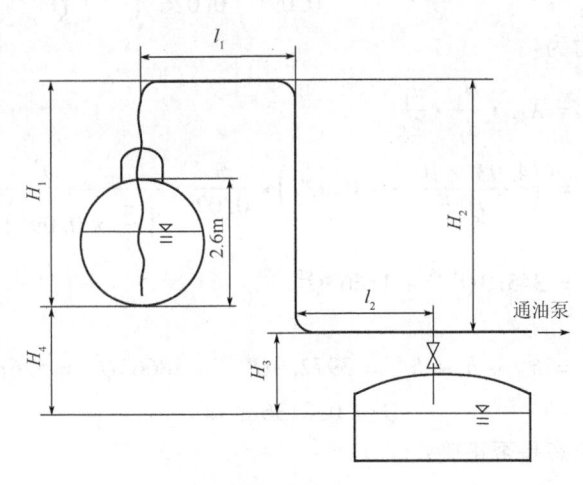

习题 7-8 图

【分析】 卸油开始与终了时,油槽车的液面高度不同,即油槽车液面与储罐液面高度差不同,因此导致流量不同。在求出管路总的阻力损失后,即可通过列伯努利方程求得流量。由于流量未知,所以流态未知,因此本题属于第二类问题,应首先假设流态。

解:列卸油开始时,两液面间的伯努利方程,得到总的水头损失为:
$$h_{总} = H_4 + 2.6 = 5.6(\text{m})$$
假设管线内的流动处于湍流水力光滑区,雷诺数为:
$$Re = \frac{4Q}{\pi d \nu}$$
沿程阻力系数为:
$$\lambda = \frac{0.3164}{Re^{0.25}} = \frac{0.3164}{\left(\frac{4Q}{\pi d \nu}\right)^{0.25}} = \frac{0.3164}{\left(\frac{4Q}{\pi \times 0.075 \times 1 \times 10^{-6}}\right)^{0.25}} = \frac{4.93 \times 10^{-3}}{Q^{0.25}}$$
管线的沿程水头损失为:

$$h_{f2} = \lambda \cdot \frac{l_1 + l_2 + H_2 + H_3}{d_2} \cdot \frac{u^2}{2g}$$

$$= \frac{4.93 \times 10^{-3}}{Q^{0.25}} \times \frac{3+5+6+2}{0.075} \times \frac{Q^2}{\left(\frac{\pi}{4} \times 0.075^2\right)^2 \times 2g}$$

$$= 2749.3 Q^{1.75}$$

查表得 $R = 3d$ 的弯头的局部阻力系数为：

$$\xi = \xi_0 \frac{\lambda}{0.022} = 0.5 \times \frac{4.93 \times 10^{-3}}{Q^{0.25}} \times \frac{1}{0.022} = \frac{0.112}{Q^{0.25}}$$

三个弯头的局部阻力损失为：

$$h_j = 3\xi \frac{u^2}{2g} = 3 \times \frac{0.112}{Q^{0.25}} \times \frac{Q^2}{\left(\frac{\pi}{4} \times 0.075^2\right)^2} \times \frac{1}{2g} = 878.3 Q^{1.75}$$

水龙带的沿程阻力系数为：

$$\lambda_{胶} = \lambda + \frac{16}{d_1} \frac{\Delta^2}{e} = \frac{4.93 \times 10^{-3}}{Q^{0.25}} + \frac{16}{0.09} \times \frac{0.002^2}{0.026} = \frac{4.93 \times 10^{-3}}{Q^{0.25}} + 0.027$$

水龙带的沿程阻力为：

$$h_{f1} = \lambda_{胶} \cdot \frac{H_1}{d_1} \cdot \frac{u_1^2}{2g}$$

$$= \left(\frac{4.93 \times 10^{-3}}{Q^{0.25}} + 0.027\right) \times \frac{5}{0.09} \times \frac{Q^2}{\left(\frac{\pi}{4} \times 0.09^2\right)^2 \times 2g}$$

$$= 345.3 Q^{1.75} + 18663 Q^2$$

总水头损失为：

$$h_{总} = h_{f1} + h_j + h_{f2} = 3972.9 Q^{1.75} + 18663 Q^2 = 5.6 \text{m}$$

解得：
$$Q = 0.0136 \text{m}^3/\text{s}$$

下面验证假设的流态是否正确：

$$Re = \frac{4Q}{\pi d \nu} = \frac{4 \times 0.0136}{\pi \times 0.075 \times 1 \times 10^{-6}} = 23088$$

$$Re_1 = 26.98 \left(\frac{d}{\Delta}\right)^{\frac{8}{7}} = 26.98 \times \left(\frac{75}{0.19}\right)^{\frac{8}{7}} = 96147$$

所以流态满足假设，即卸油开始时流量为 $0.0136 \text{m}^3/\text{s}$。

卸油终止时的计算过程同上，这里略。

【7-9】 某串并联管路如习题 7-9 图所示，若阀门的开启度减小，其他条件不变，则总流量 Q 和其他两分支管流量将怎样变化？为什么？

答：若阀门开启度减小，则支路 2 的水头损失增大，导致支路 1 的水头损失增大，而支路 1 的管径没有变化，则一定是支路 1 的流量 Q_1 增加。若整个管路的驱动力（如泵的扬程或高差）没有变化，而总的水头损失增加了，会导致总流量 Q 减小。由总流量 Q 减小和支路 1 的流量 Q_1 增加，可以推出支管 2 的流量减小。

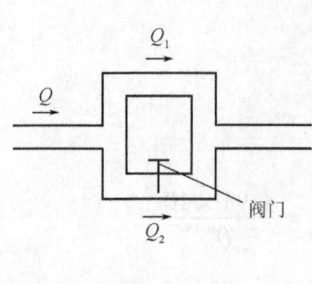

习题 7-9 图

【7-10】 有一串并联管路连接两个水池,如习题 7-10 图所示,两水池的水面高度差为 5m,管路直径 $d_1 = 100\text{mm}, d_2 = d_3 = 50\text{mm}$,每段管长均为 200m,沿程阻力系数 $\lambda_1 = 0.016, \lambda_2 = 0.01, \lambda_3 = 0.02$,忽略局部阻力,求 l_1 管段的流量 Q。

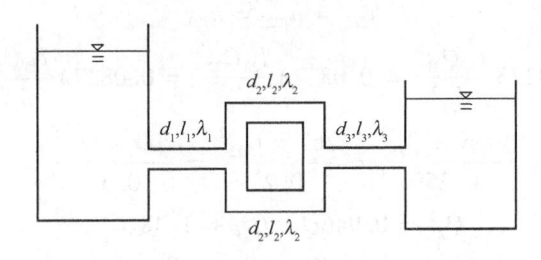

习题 7-10 图

【分析】 用流量表示出各个管道的沿程损失,然后列整个系统的伯努利方程,即可求得流量。应注意总的水头损失只包括并联管路中其中的一段沿程损失,不能全部加上。

解:由流量表示的沿程阻力计算公式为:

$$h_f = 0.0827 \frac{\lambda l}{d^5} Q^2$$

l_1 管段的沿程损失为:

$$h_{f1} = 0.0827 \frac{\lambda_1 l_1}{d_1^5} Q^2 = 0.0827 \times \frac{0.016 \times 200}{0.1^5} \times Q^2 = 26464 Q^2$$

l_3 管段的沿程损失为:

$$h_{f3} = 0.0827 \frac{\lambda_3 l_3}{d_3^5} Q^2 = 0.0827 \times \frac{0.02 \times 200}{0.05^5} \times Q^2 = 1058560 Q^2$$

因为中间并联管路的两段水头损失相等,又有管径、长度和沿程阻力系数相等,所以必有流量相等,即都为 $Q/2$,其水头损失为:

$$h_{f2} = 0.0827 \frac{\lambda_2 l_2}{d_2^5} \left(\frac{Q}{2}\right)^2 = 0.0827 \times \frac{0.01 \times 200}{0.05^5} \times \left(\frac{Q}{2}\right)^2 = 132320 Q^2$$

列两自由液面间的伯努利方程:

$$H = h_{f1} + h_{f2} + h_{f3}$$

即:

$$5 = 26464 Q^2 + 132320 Q^2 + 1058560 Q^2$$

解得:

$$Q = 0.00203 \text{m}^3/\text{s}$$

【7-11】 某管路系统,管道均为铸铁管,沿程摩阻系数为 $\lambda = 0.024$,各管段长度、管径如习题 7-11 图所示。(1)若管道总流量为 $0.56\text{m}^3/\text{s}$,求 A 到 D 点的总能量损失;(2)如果用一根新管代替并联的三根管道,新管管长为 720m,若保证流量及总能量损失不变,求新管道直径。

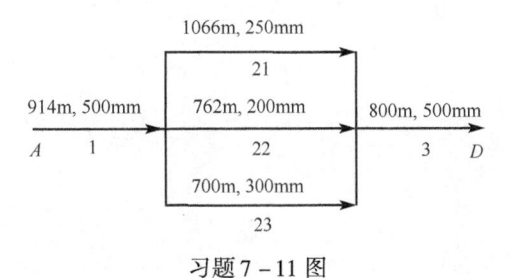

习题 7-11 图

【分析】 考查并联管路的水力计算,通过并联的三段管路的沿程水头损失相等,可以求得其流量之间的分配关系。

解:(1)首先给该管路系统的各个管段编号,如上图所示。由并联管路的特性可知:

$$h_{f21} = h_{f22} = h_{f23}$$

即:

$$0.0827\lambda \frac{l_{21}Q_{21}^2}{d_{21}^5} = 0.0827\lambda \frac{l_{22}Q_{22}^2}{d_{22}^5} = 0.0827\lambda \frac{l_{23}Q_{23}^2}{d_{23}^5}$$

代入数值:

$$\frac{1066 \times Q_{21}^2}{0.25^5} = \frac{762 \times Q_{22}^2}{0.2^5} = \frac{700 \times Q_{23}^2}{0.3^5}$$

得到:

$$Q_{22} = 0.946 Q_{21}, \quad Q_{23} = 1.48 Q_{21}$$

又由:

$$Q_{21} + Q_{22} + Q_{23} = Q$$

即:

$$Q_{21} + 0.946 Q_{21} + 1.48 Q_{21} = 0.56$$

解得:

$$Q_{21} = 0.163 \text{m}^3/\text{s}$$

管段 1 的沿程损失为:

$$h_{f1} = 0.0827\lambda \frac{l_1}{d_1^5} Q^2 = 0.0827 \times 0.024 \times \frac{914}{0.5^5} \times 0.56^2 = 18.2(\text{m})$$

并联管段的沿程损失为:

$$h_{f2} = h_{f21} = 0.0827\lambda \frac{l_{21}}{d_{21}^5} Q_{21}^2 = 0.0827 \times 0.024 \times \frac{1066}{0.25^5} \times 0.163^2 = 57.56(\text{m})$$

管段 3 的沿程损失为:

$$h_{f3} = 0.0827\lambda \frac{l_3}{d_3^5} Q^2 = 0.0827 \times 0.024 \times \frac{800}{0.5^5} \times 0.56^2 = 15.9(\text{m})$$

A 点到 D 点的总能量损失为:

$$h_{f总} = h_{f1} + h_{f2} + h_{f3} = 18.2 + 57.56 + 15.9 = 91.66(\text{m})$$

(2)由题意可知,要保证流量与总能量损失不变,需使新管段的沿程损失等于原有并联管路的沿程损失。即:

$$h_{f2new} = h_{f21} = 57.56 \text{m}$$

又由沿程损失计算公式有:

$$h_{f2} = 0.0827\lambda \frac{l_2}{d_2^5} Q^2 = 0.0827 \times 0.024 \times \frac{720}{d_2^5} \times 0.56^2 = 57.56$$

解得新管道直径为:

$$d_2 = 0.3787 \text{m} = 378.7 \text{mm}$$

第八章　一维不稳定流动

当表征流体流动状态的物理量随时间变化时,称为不稳定流动。当这种变化不是很大时,通常按照稳定流动处理。但有些情况下,如水击等现象,必须按照不稳定流动处理。这一章将介绍一维不稳定流动,重点掌握水击现象产生的原因及危害。

第一节　重点与难点解析

1. 一维不稳定流动的连续方程

与稳定流动的连续方程不同的是,一维不稳定流动的管道截面积、流体密度和流速等参量既随管道轴向变化,又随时间变化。以压强和流量表示的一维不稳定流动的连续方程可表示为:

$$\frac{\partial p}{\partial t} + \frac{Q}{A}\frac{\partial p}{\partial x} + \frac{\rho c^2}{A}\frac{\partial Q}{\partial x} = 0$$

式中,c 为考虑管壁变形时的压力波传播速度,大小为:

$$c = \sqrt{\frac{1}{\rho\left(\frac{1}{K} + \frac{D}{eE}\right)}}$$

2. 水击的概念

在有压管路系统中,由于阀门突然关闭或开启(或其他原因),使管内流速发生突然变化,从而引起管内压力急剧交替升降的现象称为水击现象。

3. 水击产生的原因

产生水击现象的主要原因是液体的惯性和压缩性。

4. 水击压力波的四个传播过程

设管路中的流体流速为 u_0,压力为 p_0,当阀门突然关闭后,产生水击压力波,可分为四个传播过程:

(1)减速增压。当阀门突然关闭,流体逐层停止流动,其压力增加为 $p_0 + \Delta p$,此时管壁受压膨胀。直到 $t_1 = l/c$ 时，水击增压波传播至管道入口，进入下一阶段。

（2）流体倒流，释放压能。由于第一阶段流体减速增压，导致管道中的流体压力高于容器中的流体压力。在压力差作用下，管内流体开始依次倒流回容器，流体压力逐层恢复为 p_0，直到 $t_2 = 2l/c$ 时，管内流体压力全部恢复为 p_0。

（3）惯性作用，继续倒流。在第二阶段末，水击压力已经消失，但由于流体的惯性，继续向容器倒流，压力减小为 $p_0 - \Delta p'$，流体产生膨胀。减压波从阀门向容器口传递，直到 $t_3 = 3l/c$ 时，传到容器口，管内流体处于低压静止状态。

（4）压力恢复。在第三阶段末，流体处于低压静止状态，由于压差作用，流体中容器流向阀门，压力逐层恢复为 p_0。直到 $t_4 = 4l/c$ 时，管内流体压力全部恢复。但此时水击并没有结束，因此在惯性作用下会继续向阀门流动，但由于阀门是关闭的，所以又会重复第一阶段的减速增压过程，如此反复循环，直到因能量损失而停止。

5. 直接水击与间接水击

水击的相是指从关闭阀门产生增压波到上游反射回来的减压波又传到阀门所经历的时间，用 t_c 表示：

$$t_c = 2l/c$$

当阀门关闭的时间 T 小于或等于水击的相 t_c 时，此时在阀门产生的水击压力较大，称为直接水击。反之，当 T 大于 t_c 时，由于水击压力波之间会有一部分抵消，形成比直接水击小的水击压力，称为间接水击。

6. 水击压力大小

当阀门瞬时关闭时，产生的水击压力大小为：

$$dp = \rho u_0 c$$

式中　u_0——阀门关闭前的流速；
　　　c——水击压力波的传播速度。

当阀门逐渐关闭时，为间接水击，其水击压力计算如下：

$$dp = \rho u_0 \frac{2l}{T}$$

式中　T——阀门关闭的时间。

7. 水击的危害及减小水击的损失

水击现象所引起的压强突然上升及波动，轻微时表现为管道中有噪声和振动；严重时，压强变化甚至可超过管道内原有工作压强的几十倍甚至上百倍，造成管壁和管件破裂。

可以从以下几方面减小水击危害：

（1）适当延长阀门开闭时间，使 $T > t_c$，这样可以避免直接水击的发生；
（2）缩短受水击影响的管道长度来降低水击压力；
（3）减小阀门关闭前的管道中流速 u_0 以减小水击压力；
（4）在管路适当位置上设置蓄能器，以吸收压能，减小水击压力；
（5）水击压力与水击波传播速度有关，减小水击波速度就能减小水击压力，当液体已确定的情况下，为了减小水击压力，尽量选管径大、管壁薄而又富于弹性的管道。

第二节 典型例题精讲

【例 8-1】 某水电站压力管道长 $L=400\text{m}$,直接自水库引水,上下游水头差 120m,水击波速度 $a=1000\text{m/s}$。阀门全部开启($\tau_0=1$)时,管道流速 $V_{max}=4.5\text{m/s}$。设阀门在 0.5s 内全部关闭,求阀门断面最大水击压强。

解: 计算相长:

$$t_c = \frac{2L}{a} = \frac{2 \times 400}{1000} = 0.8(\text{s})$$

阀门在 $t=0.5\text{s}$ 内全部关闭,$t<t_c$,发生直接水击,水击压强为:

$$dp = \rho a V_{max} = 1000 \times 1000 \times 4.5 = 4.5(\text{MPa})$$

第三节 课后习题详解

【8-1】 一供水管路长 1500m,水中音速为 1200m/s,求为避免产生直接水击,管道终端阀门关闭时间应不小于多少?

【分析】 考查直接水击与间接水击的概念与水击相的大小。

解: 题目未给出管径和壁厚等信息,因此近似认为水击压力波等于声速。

此管路的水击相为:

$$t_c = \frac{2l}{c} = \frac{2 \times 1500}{1200} = 2.5(\text{s})$$

所以为避免直接水击,闸门关闭的时间不应小于 2.5s。

【8-2】 相对密度为 0.8 的原油,沿内径 300mm、壁厚 10mm 的钢管输送,输量为 300kg/h。已知钢管弹性系数为 $2.06 \times 10^{11} \text{N/m}^2$,原油体积弹性模量为 $1.32 \times 10^9 \text{N/m}^2$,试计算原油中的声速和最大水击压强。

【分析】 考查液体中声速的计算公式和最大水击压强(即直接水击压强)。应注意区分水击压力波计算公式中,K 为液体的弹性模量,E 为管材的弹性系数。

解: 原油中的声速为:

$$c_o = \sqrt{\frac{K_o}{\rho_o}} = \sqrt{\frac{1.32 \times 10^9}{0.8 \times 10^3}} = 1284.5(\text{m/s})$$

水击压力波在原油中的传播速度为:

$$c = \frac{c_o}{\sqrt{1+\dfrac{D}{e}\dfrac{K}{E}}} = \frac{1284.5}{\sqrt{1+\dfrac{300}{10} \times \dfrac{1.32 \times 10^9}{2.06 \times 10^{11}}}} = 1176.4(\text{m/s})$$

最大水击压强为:

$$dp = \rho_o u_o c = 0.8 \times 10^3 \times \frac{300}{0.8 \times 10^3 \times 3600 \times \dfrac{\pi}{4} \times 0.3^2} \times 1176.4 = 1387(\text{Pa})$$

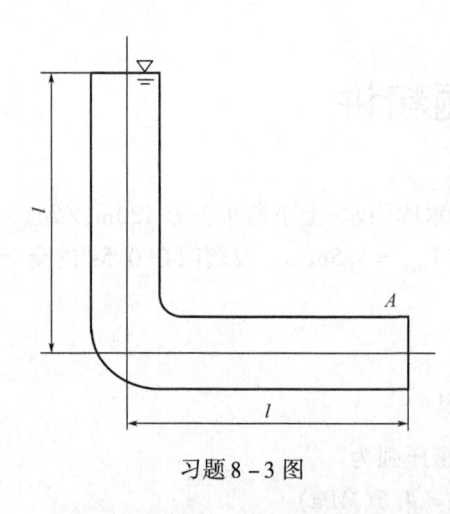

【8-3】 等截面敞口直管道盛水如习题 8-3 图所示，A 处阀门突然打开，向大气喷水，设大气压力为 $1.013 \times 10^5 \text{N/m}^2$，求打开瞬时管内压强分布。

【分析】 当管路上的阀门突然打开或关闭时，会引起水击现象。

答：阀门关闭时，竖直管内的压强呈线性分布，水平管段的压强等于 $p_a + \rho g l$，当打开阀门瞬间，管内压强分布不变，但 A 处流体有膨胀的趋势，其压强略小。

【8-4】 一引水钢管，长 $l = 600\text{m}$，直径 $D = 1\text{m}$，管壁厚 $e = 10\text{mm}$，管材弹性系数为 $2.06 \times 10^{11} \text{N/m}^2$，水的弹性系数为 $2.06 \times 10^9 \text{N/m}^2$，阀门关闭前管内流动为稳定流动，其流量为 $Q = 3.14 \text{m}^3/\text{s}$，若完全关闭阀门的时间为 1s，试判断管内所产生的水击是直接水击还是间接水击。并求阀门前最大水击压强。

习题 8-3 图

【分析】 当关闭阀门的时间 T 大于水击相时，为间接水击，否则为直接水击。直接水击和间接水击有不同的水击压强计算公式。

解：水中的声速为：

$$c_0 = \sqrt{\frac{K}{\rho}} = \sqrt{\frac{2.06 \times 10^9}{1000}} = 1435 (\text{m/s})$$

压力波在水中的传播速度为：

$$c = \frac{c_0}{\sqrt{1 + \frac{D}{e}\frac{K}{E}}} = \frac{1435}{\sqrt{1 + \frac{1000}{10} \times \frac{2.06 \times 10^9}{2.06 \times 10^{11}}}} = 1014.7 (\text{m/s})$$

水击相的大小为：

$$t_c = \frac{2l}{c} = \frac{2 \times 600}{1014.7} = 1.183 (\text{s})$$

因为阀门关闭时间 1s 小于水击相 1.183s，所以管内产生的水击为直接水击。

最大水击压强为：

$$dp = \rho u_0 c = 1000 \times \frac{3.14}{\frac{\pi}{4} \times 1^2} \times 1014.7 = 4.057 \times 10^6 (\text{Pa})$$

【8-5】 如习题 8-5 图所示，由一高 20m 的水塔向一水池灌水，水池面积为 $50 \times 25 \text{m}^2$，管长 40m、内径 0.2m，沿程阻力系数 $\lambda = 0.03$，阀门的局部阻力系数 $\xi = 3$，求开始放水至水深达到 3m 所需的时间。

【分析】 此题考查装卸流体所需时间问题，属于不稳定流动。其特点是不同时刻，促使流体流动的作用水头不同。此类问题应该用微分法求解。

解：设水池中的水深在 dt 时间内从 h 升到 h + dh，此时间段内为稳定流动。此时以水池底面为基准面，列两液面间的伯努利方程为：

$$\frac{0}{\rho g} + \frac{0^2}{2g} + 20 = \frac{0}{\rho g} + \frac{0^2}{2g} + h + h_f + h_j$$

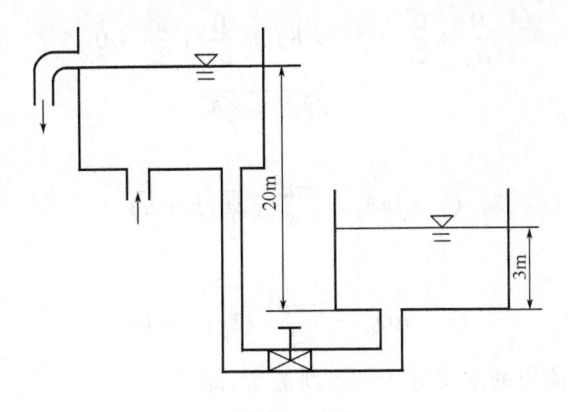

习题 8-5 图

其中沿程损失为：

$$h_f = \lambda \frac{l}{d} \frac{u^2}{2g} = 0.03 \times \frac{40}{0.2} \times \frac{u^2}{2 \times 9.8} = 0.306u^2$$

局部损失为：

$$h_j = \xi \frac{u^2}{2g} = 3 \times \frac{u^2}{2 \times 9.8} = 0.153u^2$$

代回伯努利方程得：

$$u = \sqrt{\frac{20-h}{0.459}}$$

在 dt 时间内水池内水的增加量等于从管道流入水池的水量，得到如下等式：

$$dh \cdot A_{chi} = uA_{guan}dt$$

代入数值得：

$$dh \times 50 \times 25 = \sqrt{\frac{20-h}{0.459}} \times \frac{\pi}{4} \times 0.2^2 \times dt$$

即：

$$dt = \frac{dh \times 50 \times 25}{\sqrt{\frac{20-h}{0.459}} \times \frac{\pi}{4} \times 0.2^2} = \frac{26970}{\sqrt{20-h}}dh$$

水池内水深达到 3m 所需时间为：

$$T = \int_0^T dt = \int_0^3 \frac{26970}{\sqrt{20-h}}dh = -53900\sqrt{20-h}\Big|_0^3 = 18800(s)$$

【8-6】 如习题 8-6 图所示，一封闭水箱直径 $D = 800mm$，初始水深 $H = 900mm$，经过一直径 $d = 25mm$，长度为 100mm 的圆柱形管嘴向大气泄流，管嘴流量系数 $\mu = 0.82$，试求水面上保持多大的相对压力可比敞口水箱的泄空时间减少一半？

【分析】 本题考查不稳定流动，仍采用微分方法。

解： 假设在时刻为 t 时，水箱内水深为 $x(0 \leqslant x \leqslant H)$，在经历微小时间段 d$t$ 后，水深减小 dx，在这段时间内，可以认为流动是稳定的。

当水箱敞口时，列液面到出口的伯努利方程为：

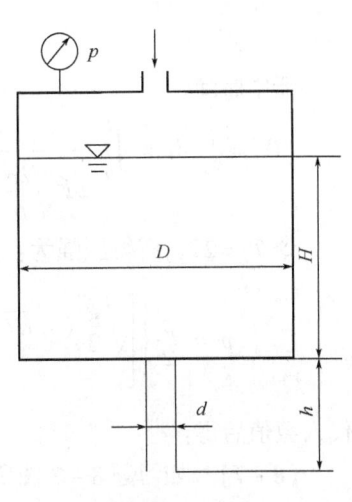

习题 8-6 图

$$\frac{0}{\rho g} + \frac{0^2}{2g} + (x + h) = \frac{0}{\rho g} + \frac{u^2}{2g} + 0$$

解得：
$$u = \sqrt{2g(x+h)}$$

理论流量为：
$$Q_0 = uA_0 = \frac{\pi d^2}{4}\sqrt{2g(x+h)}$$

实际流量为：
$$Q = \mu Q_0 = \frac{\mu\pi d^2}{4}\sqrt{2g(x+h)}$$

在 dt 时间内，水箱流出的水量等于管嘴泄流量，即：
$$\frac{\pi D^2}{4}\mathrm{d}x = Q\mathrm{d}t$$

将 Q 表达式代入，解得：
$$\mathrm{d}t = \frac{D^2\mathrm{d}x}{\mu d^2\sqrt{2g(x+h)}}$$

积分后得泄空时间为：
$$T_1 = \int_0^{T_1}\mathrm{d}t = \int_0^H \frac{D^2\mathrm{d}x}{\mu d^2\sqrt{2g(x+h)}} = \frac{2D^2}{\mu d^2\sqrt{2g}}(\sqrt{H+h} - \sqrt{h})$$

设水面上相对压强为 p，同理列伯努利方程得：
$$\frac{p}{\rho g} + \frac{0^2}{2g} + (x+h) = \frac{0}{\rho g} + \frac{u^2}{2g} + 0$$

解得：
$$u = \sqrt{\frac{2p}{\rho} + 2g(x+h)}$$

实际流量：
$$Q = \mu Q_0 = \frac{\mu\pi d^2}{4}\sqrt{\frac{2p}{\rho} + 2g(x+h)}$$

微元时间：
$$\mathrm{d}t = \frac{D^2\mathrm{d}x}{\mu d^2\sqrt{\frac{2p}{\rho} + 2g(x+h)}}$$

泄空时间：
$$T_2 = \int_0^{T_2}\mathrm{d}t = \int_0^H \frac{D^2\mathrm{d}x}{\mu d^2\sqrt{\frac{2p}{\rho} + 2g(x+h)}} = \frac{D^2}{g\mu d^2}\left[\sqrt{\frac{2p}{\rho} + 2g(H+h)} - \sqrt{\frac{2p}{\rho} + 2gh}\right]$$

令 $T_1 = 2T_2$，解得压强为：
$$p = \frac{\rho}{2}\left\{\left[\sqrt{\frac{g}{2}}(\sqrt{H+h} - \sqrt{h}) + \frac{2gH}{\sqrt{\frac{g}{2}}(\sqrt{H+h} - \sqrt{h})}\right]^2 - 2g(H+h)\right\}$$

代入数值后得：
$$p = 76898\mathrm{Pa}$$

【8-7】 如习题 8-7 图所示，有半径 $R = 0.8\mathrm{m}$ 的球形容器充满液体，试求从底部 $d_0 = 0.05\mathrm{m}$ 的锐缘孔口（流量系数 $\mu = 0.62$）完全泄空的时间。在泄空过程中，液体自由表面始终

保持大气压力。

【分析】 考查不稳定流动中的泄流时间,仍采用微分方法。

解:设时刻 t 时,液面高度为 h,经过微小时间段 dt 后,液面下降 dh。

列液面到出口的伯努利方程:

$$\frac{0}{\rho g} + \frac{0^2}{2g} + h = \frac{0}{\rho g} + \frac{u^2}{2g} + 0$$

解得:
$$u = \sqrt{2gh}$$

实际流量为:
$$Q = \mu u A = \mu \frac{\pi d_0^2}{4} \sqrt{2gh}$$

当液面高为 h 时,水面截面积为:

$$A = \pi [R^2 - (h-R)^2]$$

当液面下降 dh 时,容器内水体积减小量为:

$$dV = A dh = \pi [R^2 - (h-R)^2] dh$$

该时间段内的孔口泄流量为:

$$dV = Q dt = \mu \frac{\pi d_0^2}{4} \sqrt{2gh}\, dt$$

令以上两式相等,得到:

$$dt = \frac{4[R^2 - (h-R)^2] dh}{\mu d_0^2 \sqrt{2gh}}$$

积分得:

$$T = \int_0^T dt = \int_0^{2R} \frac{4[R^2 - (h-R)^2]}{\mu d_0^2 \sqrt{2gh}} dh$$

$$= \frac{4}{\mu d_0^2 \sqrt{2g}} \int_0^{2R} \frac{R^2 - (h-R)^2}{\sqrt{h}} dh$$

$$= \frac{4}{\mu d_0^2 \sqrt{2g}} \int_0^{\sqrt{2R}} \frac{R^2 - (x^2 - R)^2}{x} \cdot 2x \cdot dx \quad (设 \sqrt{h} = x)$$

$$= \frac{64}{15 \mu d_0^2 \sqrt{g}} R^{\frac{5}{2}}$$

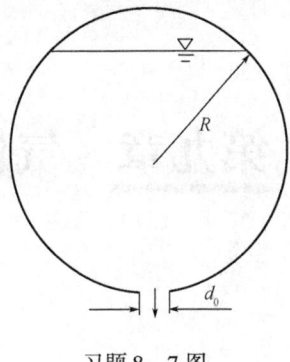

代入数值后解得:
$$T = 503 \text{s}$$

习题 8-7 图

第九章 气体动力学基础

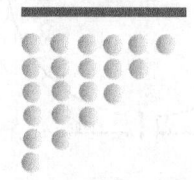

第一节 重点与难点解析

1. 气体动力学基本假设

描述流体流动的普遍方程组十分复杂,难以求解,因此经典气体动力学作出了如下假设:
(1)气体是完全气体。其比热容不变,内能只是温度的函数,满足理想气体状态方程。
(2)质量力可以忽略。
(3)黏性可以忽略。
(4)流动过程是绝热的。

2. 气体动力学方程组

在气体动力学基本假设的前提下,可以得到封闭气体的气体动力学方程组:

$$\left.\begin{aligned} \frac{d\rho}{dt} + \rho\left(\frac{\partial u_x}{\partial x} + \frac{\partial u_y}{\partial y} + \frac{\partial u_z}{\partial z}\right) &= 0 \\ \frac{du_x}{dt} &= -\frac{1}{\rho}\frac{\partial p}{\partial x} \\ \frac{du_y}{dt} &= -\frac{1}{\rho}\frac{\partial p}{\partial y} \\ \frac{du_z}{dt} &= -\frac{1}{\rho}\frac{\partial p}{\partial z} \\ \frac{d}{dt}\left(\frac{p}{\rho^\kappa}\right) &= 0 \end{aligned}\right\}$$

3. 声速

声速是指微弱扰动在介质中的传播速度。其计算公式为:

$$c = \sqrt{\kappa RT}$$

气体的声速是气体压强、密度或温度的函数。若空间不同点上的压强、密度和温度不同,则声速也会不同。通常所说的声速是指空间中某一点的声速,即当地声速。

4. 马赫数

马赫数是空间某一点的气体速度 u 与该点的当地声速 c 之比,以 Ma 表示:

$$Ma = \frac{u}{c}$$

$Ma<1$ 的流动称为亚声速流动;$Ma=1$ 的流动称为声速流动;$Ma>1$ 的流动为超声速流动。

5. 马赫锥与马赫角

当扰动源以超声速运动时,扰动源走在了扰动波前面,所有微弱扰动波叠合成一个圆锥面,扰动波只能在圆锥面内传播,这个圆锥称为马赫锥,马赫锥顶角的一半称为马赫角,以 θ 表示:

$$\sin\theta = \frac{c}{u} = \frac{1}{Ma}$$

6. 滞止状态

可压缩气体流动过程中,经历一个等熵减速过程,使其流动速度达到零时的状态,即该状态的滞止状态。由该定义应认识到,每一流动状态都存在对应的滞止状态,而该状态的流速不一定为零。对于流动过程的各个截面而言,都有属于自己的滞止状态,若流动为等熵流动,即没有能量损失,则各个截面具有相同的滞止状态。

7. 临界状态

可压缩气体在流动过程中,若在某一截面上,流体的流速与其上气流的当地声速相等,则该截面为临界截面,该截面上气流所处的状态称为临界状态,该截面上的参数称为临界参数。

8. 极限状态

一元等熵流动过程中,若某个流动截面处的绝对压强与热力学温度都等于零,声速也成了零,则此时焓值为零,气体的能量全部转化成动能,速度达到最大值,此时气体的状态称为极限状态。

事实上,极限状态是不存在的,最大速度也仅是理论上的极限值。这是因为绝对压强为零的真空和热力学温度为零的状态实际上是达不到的。

9. 气体参数和通道面积之间的关系

通道面积变化、压强变化和速度变化之间的关系可表示为:

$$\frac{dA}{A} = (1-Ma^2)\frac{dp}{\rho u^2} = -(1-Ma^2)\frac{du}{u}$$

由该式可以看出:

(1)当 $Ma<1$ 时,dA 与 dp 同号而与 du 异号。表明气流亚声速流动时,随通道面积的增加,压强增加而速度减小,称为扩压管;随通道面积的减小,压强减小,速度增加,称为喷管。

(2)当 $Ma>1$ 时,dA 与 dp 异号而与 du 同号。表明气流超声速流动时,随通道面积的增加,压强减小而速度增大;随通道面积的减小,压强增大,速度减小。

(3)当 $Ma=1$ 时,此时气流为声速,$dA=0$,表明流速达到声速的地方只能出现在管道的最大或最小截面处。

第二节 典型例题精讲

【例 9 – 1】 某喷气发动机,在尾喷管出口处,燃气速度为560m/s,温度为873K,燃气的绝热指数 $k=1.33$,气体常数 $R=287.4\text{J/(kg·K)}$,求出口处燃气流的声速及 Ma 数。

解:
$$c = \sqrt{kRT} = \sqrt{1.33 \times 287.4 \times 873} = 577(\text{m/s})$$
$$Ma = \frac{u}{c} = \frac{560}{577} = 0.97$$

【例 9 – 2】 用风速管测得空气流中一点的总压 $p^* = 9.81 \times 10^4\text{Pa}$,静压 $p = 8.44 \times 10^4\text{Pa}$,用热电偶测得该点空气流的总温 $T^* = 400\text{K}$,试求该点气流的速度 u。

解: 由式
$$\pi(Ma) = p^*/p = 1/\left(1 + \frac{k-1}{2}Ma^2\right)^{\frac{k}{k-1}}$$

可得:
$$\pi(\lambda) = p/p^* = \frac{8.44 \times 10^4}{9.81 \times 10^4} = 0.86$$

由气动函数表($k=1.4$)查得 $\lambda = 0.5025$,则气流速度为:
$$u = \lambda c_{cr} = \lambda \sqrt{\frac{2}{k+1}kRT^*} = 0.5025 \times \sqrt{2 \times \frac{1.4}{1.4+1} \times 287.06 \times 400} = 187(\text{m/s})$$

【例 9 – 3】 由插入氩气流的毕托管测得此氩气流的总压为 $1.58 \times 10^5\text{Pa}$,静压为 $1.04 \times 10^5\text{Pa}$,温度为20℃,试确定此氩气流的速度。[氩气的气体常数为 $R = 208.2\text{J/(kg·K)}$,绝热指数 $\kappa = 1.68$]

【分析】 毕托管测得的总压是流速为零时的压力,即滞止压力。认为整个流动为等熵过程。

解: 若将流体看作是完全流体,则有:
$$\rho = \frac{p}{RT} = \frac{1.04 \times 10^5}{208.2 \times (273.15 + 20)} = 1.704(\text{kg/m}^3)$$

对于等熵流动,有:
$$\frac{p_0}{\rho_0^\kappa} = \frac{p}{\rho^\kappa}$$

得滞止密度为:
$$\rho_0 = \left(\frac{p_0}{p}\right)^{\frac{1}{\kappa}}\rho = \left(\frac{1.58 \times 10^5}{1.04 \times 10^5}\right)^{\frac{1}{1.68}} \times 1.704 = 2.186(\text{kg/m}^3)$$

对于无热交换的等熵流动而言:
$$h_0 = h + \frac{u^2}{2}$$
$$c_p T_0 = c_p T + \frac{u^2}{2}$$
$$\frac{\kappa}{\kappa-1}RT_0 = \frac{\kappa}{\kappa-1}RT + \frac{u^2}{2}$$
$$\frac{\kappa}{\kappa-1}\frac{p_0}{\rho_0} = \frac{\kappa}{\kappa-1}\frac{p}{\rho} + \frac{u^2}{2}$$

代入数值得：$\dfrac{1.68}{1.68-1} \times \dfrac{1.58 \times 10^5}{2.186} = \dfrac{1.68}{1.68-1} \times \dfrac{1.04 \times 10^5}{1.704} + \dfrac{u^2}{2}$

解得流速为：$u = 235.7(\text{m}^3/\text{s})$

第三节 课后习题详解

【9－1】 试比较一元不可压缩管流的连续性方程和一元可压缩管流的连续性方程有什么不同。

答：一元可压缩流体的连续性方程为：

$$\rho_1 A_1 \bar{u}_1 = \rho_2 A_2 \bar{u}_2$$

一元不可压缩体的连续性方程为：

$$A_1 \bar{u}_1 = A_2 \bar{u}_2$$

其不同之处在于可压缩流动流体的密度不是常数，满足质量流量守恒；不可压缩流动的流体密度不变，在满足质量流量守恒的基础上还满足体积流量守恒。

【9－2】 对于拉伐尔管，进流为亚声速或超声速，在喉部处是否一定能达到临界声速？若在喉部处不能达到 $Ma = 1$，则在拉伐尔管出口处是否能达到超声速或亚声速？

答：对于亚声速流动，当流动截面积减小时，流速增加，可能在喉部达到临界声速，但不是一定可以达到临界声速。若在喉部已经达到声速，通过喉部以后，其流速随截面积增大而增大，因此在拉伐尔管出口处可以达到超声速。若在喉部不能达到声速，即不能达到 $Ma = 1$，则在喉部以后随着截面积增大，流速又会减小，在拉伐尔管出口处不能达到超声速。

对于超声速流动，当流动截面积减小时，流速减小，有可能在喉部达到临界声速，但不是一定可以达到临界声速。若在喉部已经达到声速，通过喉部以后，其流速随截面积增大而减小，在出口处可以达到亚声速。若在喉部不能达到声速，即不能达到 $Ma = 1$，则在喉部以后速度随着截面积增大而增大，在出口处流速为超声速，不能达到亚声速。

【9－3】 什么是滞止参数与临界参数？

答：处于滞止状态的参数称为滞止参数。所谓滞止状态是指流动速度达到零时的状态。处于临界状态的参数称为临界参数。所谓临界状态是指流体的流速与其上气流的当地声速相等的状态。

【9－4】 对无热交换同时也不考虑流动摩擦损失的管内空气流动，已知其上游断面 1 处的速度 $u_1 = 190\text{m/s}$、温度 $T_1 = 400\text{K}$、压强 $p_1 = 300\text{kPa}$，在管出口处达到临界状态 $Ma = 1$，试求：(1)断面 1 处的流体密度、声速、马赫数；(2)管出口断面上的压强、密度、温度和速度。

【分析】 无热交换同时也不考虑流动摩擦损失，指在流动过程中满足动能与焓之和为定值。

解：(1)根据气体动力学的基本假设，气体为完全气体，满足式

$$p = \rho RT$$

所以在断面 1 处流体密度为：

$$\rho = \dfrac{p_1}{RT_1} = \dfrac{300 \times 10^3}{287.06 \times 400} = 2.613(\text{kg/m}^3)$$

声速为：$c = \sqrt{\kappa RT_1} = \sqrt{1.4 \times 287.06 \times 400} = 400.94(\text{m/s})$

此时马赫数为:
$$Ma = \frac{u_1}{c} = \frac{190}{400.94} = 0.474$$

(2)由于流动无热交换也无流动摩擦损失,有:
$$h_0 = h + \frac{u^2}{2}$$

式中,h_0 为滞止焓,此题为常数;h 为任意截面上的焓;u 为该截面流速。

对于截面1和临界状态,临界状态流速等于声速,则有:
$$h_1 + \frac{u_1^2}{2} = h_* + \frac{c_*^2}{2}$$

将焓用比热容表示:
$$c_p T_1 + \frac{u_1^2}{2} = c_p T_* + \frac{\kappa R T_*}{2}$$

将比定压热容用绝热指数表述,得到:
$$\frac{\kappa}{\kappa-1} R T_1 + \frac{u_1^2}{2} = \frac{\kappa}{\kappa-1} R T_* + \frac{\kappa R T_*}{2}$$

代入数值:
$$\frac{1.4}{1.4-1} \times 278.06 \times 400 + \frac{190^2}{2} = \frac{1.4}{1.4-1} \times 278.06 \times T_* + \frac{1.4 \times 278.06 \times T_*}{2}$$

解得临界温度为: $T_* = 348.8(\text{K})$

出口处的速度为: $c_* = \sqrt{\kappa R T_*} = \sqrt{1.4 \times 278.06 \times 348.8} = 368.48(\text{m/s})$

对于绝热过程有:
$$\frac{p}{\rho^\kappa} = C$$

应用于截面1和出口截面有:
$$\frac{p_1}{\rho_1^\kappa} = \frac{p_*}{\rho_*^\kappa}$$

代入数值解得:
$$\frac{p_*}{\rho_*^\kappa} = \frac{p_1}{\rho_1^\kappa} = \frac{300000}{2.613^{1.4}} = 78185.5$$

又由气体状态方程得:
$$p_* = \rho_* R T_* = \rho_* \times 278.06 \times 348.8 = 96987.328 \rho_*$$

联立以上两式,解得:
$$\rho_* = 1.714 \text{kg/m}^3$$
$$p_* = 166236 \text{Pa}$$

【9-5】 飞机在20000m高空以1800km/h的速度飞行,该处气温为-50℃,问该机飞行的马赫数有多大?

【分析】 计算出当地声速后,即可求马赫数,而当地声速是温度的函数。

解:当地声速为:
$$c = \sqrt{\kappa R T} = \sqrt{1.4 \times 278.06 \times (-50 + 273.15)} = 294.735(\text{m/s})$$

此时飞机的马赫数为:
$$Ma = \frac{u}{c} = \frac{1800}{3.6 \times 294.735} = 1.696$$

【9-6】 氢气的绝热指数 $\kappa = 1.405$,其气体常数 $R = 4.142\text{kJ/(kg·K)}$,试求在40℃氢气中的声速有多大。

【分析】 考查声速计算公式。

— 126 —

解: 此时氢气中的声速为:

$$c = \sqrt{\kappa RT} = \sqrt{1.405 \times 4142 \times (40 + 273.15)} = 1350(\text{m/s})$$

【9-7】 等断面管中的气流以 $Ma_2 = 0.4$ 的速度流入,以 $Ma_1 = 0.8$ 的速度流出,管内流动可认为绝热流动,进、出两截面之间的距离为10m,试求距 Ma_1 多远处的断面上能达到 $Ma = 0.6$?

答案略。

【9-8】 如习题9-8图所示,压强 $p_0 = 7$at,温度 $t_0 = 15$℃的气罐中储存二氧化碳,已知其绝热指数 $\kappa = 1.3$,气体常数 $R = 189$J/(kg·K),大气压为 1.013×10^5Pa。试求经过直径 $d = 10$mm 小孔出流时的速度和质量流量。

【分析】 若将流动过程视为等熵过程,则有比焓与比动能之和为定值。罐内气体速度为零,视为滞止状态。

解: 罐内气体的密度为:

$$\rho_0 = \frac{p_0}{RT_0} = \frac{7 \times 9.8 \times 10^4}{189 \times (273.15 + 15)} = 12.6(\text{kg/m}^3)$$

对于绝热过程有:

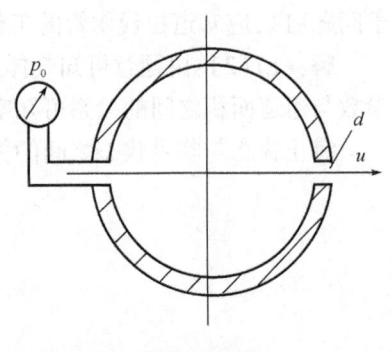

$$\frac{p_0}{\rho_0^\kappa} = \frac{p}{\rho^\kappa}$$

习题9-8图

得小孔出口流体密度为:

$$\rho = \rho_0 \left(\frac{p}{p_0}\right)^{\frac{1}{\kappa}} = 12.6 \times \left(\frac{7 \times 9.8 \times 10^4}{1.013 \times 10^5}\right)^{\frac{1}{1.3}} = 54.876(\text{kg/m}^3)$$

在流动过程中有:

$$h_0 = h + \frac{u^2}{2}$$

$$c_p T_0 = c_p T + \frac{u^2}{2}$$

$$\frac{\kappa}{\kappa-1} RT_0 = \frac{\kappa}{\kappa-1} RT + \frac{u^2}{2}$$

$$\frac{\kappa}{\kappa-1} RT_0 = \frac{\kappa}{\kappa-1} \frac{p}{\rho} + \frac{u^2}{2}$$

代入数值:

$$\frac{1.3}{1.3-1} \times 189 \times (273.15 + 15) = \frac{1.3}{1.3-1} \times \frac{1.013 \times 10^5}{54.876} + \frac{u^2}{2}$$

解得出口处流速为: $u = 162.73$m/s

质量流量为:

$$Q_m = \rho u A = 54.876 \times 162.73 \times \frac{\pi}{4} \times 0.01^2 = 0.7(\text{kg/s})$$

【9-9】 如习题9-9图所示,空气的超声速喷管质量流量 $m = 0.051$kg/s,出口马赫数 $Ma = 3$,滞止压强 $p_0 = 8.83 \times 10^5$Pa,滞止温度 $t_0 = 25$℃。试求:(1)喉部直径 d;(2)临界压强、临界密度与临界温度;(3)出口断面直径 D;(4)出口断面上的压强、密度和温度。

习题9-9图

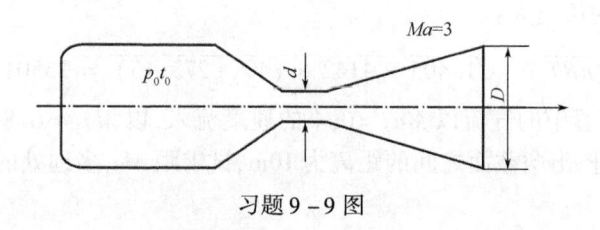

【分析】 利用流动过程中比焓与比动能之和为定值建立各个截面之间的参数关系。对于问题(1),应知道拉伐尔管的工作原理,即喉部处 $Ma = 1$,为临界状态。

解:(1)(2):由题意可知气体从速度零通过喉部后,在出口处变为超声速流动。根据气体参数与通道面积之间的关系可知喉部 $Ma = 1$,即为临界状态。

滞止状态与临界状态之间的关系为:

$$h_0 = h_* + \frac{c_*^2}{2}$$

$$c_p T_0 = c_p T_* + \frac{c_*^2}{2}$$

$$\frac{\kappa}{\kappa - 1} R T_0 = \frac{\kappa}{\kappa - 1} R T_* + \frac{c_*^2}{2}$$

$$\frac{\kappa}{\kappa - 1} R T_0 = \frac{c_*^2}{\kappa - 1} + \frac{c_*^2}{2}$$

代入数值: $\dfrac{1.4}{1.4 - 1} \times 287.06 \times (273.15 + 25) = \dfrac{c_*^2}{1.4 - 1} + \dfrac{c_*^2}{2}$

解得喉部的流速为: $c_* = 316 \text{m/s}$

临界声速的计算公式为:

$$c_* = \sqrt{\kappa R T_*}$$

得临界温度为:

$$T_* = \frac{c_*^2}{\kappa R} = \frac{316^2}{1.4 \times 287.06} = 248.47 (\text{K})$$

滞止状态的空气密度为:

$$\rho_0 = \frac{p_0}{R T_0} = \frac{8.83 \times 10^5}{287.06 \times (273.15 + 25)} = 10.317 (\text{kg/m}^3)$$

临界压强为:

$$p_* = \rho_* R T_* = \rho_* \times 287.06 \times 248.47 = 71325.7 \rho_*$$

对于等熵流动,有:

$$\frac{p_*}{\rho_*^{1.4}} = \frac{p_0}{\rho_0^{1.4}} = \frac{8.83 \times 10^5}{10.317^{1.4}} = 33650$$

联立以上两式得:

$$\rho_* = 6.544 \text{kg/m}^3, \quad p_* = 466751 \text{Pa}$$

由 $m = \dfrac{\pi}{4} d^2 \rho c_*$ 得喉部直径为:

— 128 —

$$d = \sqrt{\frac{4m}{\pi\rho_* c_*}} = \sqrt{\frac{4 \times 0.051}{\pi \times 6.544 \times 316}} = 5.6 \times 10^{-3} (\text{m})$$

(3)(4):滞止状态与出口状态之间的关系为：

$$h_0 = h + \frac{u^2}{2}$$

$$c_p T_0 = c_p T + \frac{u^2}{2}$$

$$\frac{\kappa}{\kappa-1} RT_0 = \frac{\kappa}{\kappa-1} RT + \frac{u^2}{2}$$

$$\frac{\kappa}{\kappa-1} RT_0 = \frac{c^2}{\kappa-1} + \frac{u^2}{2}$$

由 $Ma = 3$ 得：

$$\frac{\kappa}{\kappa-1} RT_0 = \frac{\left(\frac{1}{3}u\right)^2}{\kappa-1} + \frac{u^2}{2}$$

代入数值：

$$\frac{1.4}{1.4-1} \times 287.06 \times (273.15 + 25) = \frac{\left(\frac{1}{3}u\right)^2}{1.4-1} + \frac{u^2}{2}$$

解得出口流速为： $u = 620.6 \text{m/s}$

此时声速为：

$$c = \frac{1}{3}u = \frac{1}{3} \times 620.6 = 206.9 (\text{m/s})$$

温度为：

$$T = \frac{c^2}{\kappa R} = \frac{206.9^2}{1.4 \times 287.06} = 106.52 (\text{K})$$

根据理想气体状态方程：

$$p = \rho RT = \rho \times 287.06 \times 106.52 = 30577.6\rho$$

对于等熵绝热过程：

$$\frac{p}{\rho^{1.4}} = \frac{p_0}{\rho_0^{1.4}} = \frac{8.83 \times 10^5}{10.317^{1.4}} = 33650$$

联立以上两式得：

$$\rho = 0.787 \text{kg/m}^3, \quad p = 24068.5 \text{Pa}$$

出口断面直径为：

$$D = \sqrt{\frac{4m}{\pi\rho u}} = \sqrt{\frac{4 \times 0.051}{\pi \times 0.787 \times 620.6}} = 0.01153 (\text{m})$$

第十章 湍流射流

在涡轮机、锅炉和消防等领域经常遇到流体从孔口或缝隙中以一定速度喷出,并且不受固体边界的限制,在某一空间中扩张,这种现象就是射流。通常所见的射流都处于湍流状态,因此这一章对湍流射流的运动规律进行了研究。在学习过程中应该理清各个参数之间的推导过程,在做习题时能够灵活应用公式。

第一节 重点与难点解析

1. 射流的概念

流体从孔口或缝隙以一定的速度喷出后,不受固体边界的限制,在某一空间中扩张的流动称为射流。

2. 射流分类

按射流周围的情况,分为自由射流和非自由射流。

按射流与射流空间的流体是否相同,分为淹没射流和非淹没射流。

按照射流流态分为层流射流和湍流射流。

3. 射流基本参数

出流断面系数 ϕ:表征射流断面形状与喷嘴速度的不均匀程度,圆断面射流取3.4,平面射流取2.44。

湍流系数 a:大小与射流出口断面上的湍流强度有关。

极点:射流外边界的交点称为极点。射流极点是在喷嘴内部的一点。

极点深度 h_0:喷嘴断面到极点的距离。

第二节 典型例题精讲

【例10-1】 圆射流以 $Q_0 = 0.55 \text{m}^3/\text{s}$ 从 $d_0 = 0.3\text{m}$ 管嘴流出。试求2.1m处射流半宽度 R,轴心速度 u_m,断面平均流速 u_1,质量平均流速 u_2,并进行比较。

解:查表知,$a = 0.08$。由 $S_n = 0.672 \dfrac{r_0}{a} = 1.26\text{m} < 2.1\text{m}$

在主体段:
$$\frac{R}{r_0} = 3.4\left(\frac{as}{r_0} + 0.294\right)$$

所以:
$$R = 3.4\left(\frac{0.08 \times 2.1}{0.15} + 0.294\right) \times 0.15 = 0.72(\text{m})$$

$$u_0 = \frac{Q_0}{A_0} = \frac{0.55}{\dfrac{\pi}{4} \times 0.3^2} = 7.78(\text{m/s})$$

由:
$$\frac{u_m}{u_0} = \frac{0.48}{\dfrac{as}{d_0} + 0.147}$$

解得:
$$u_m = 5.29\text{m/s}$$

由:
$$\frac{u_1}{u_0} = \frac{0.095}{\dfrac{as}{d_0} + 0.147}$$

解得:
$$u_1 = 1.05\text{m/s}$$

由:
$$\frac{u_2}{u_0} = \frac{0.23}{\dfrac{as}{d_0} + 0.147}$$

解得:
$$u_2 = 2.5\text{m/s}$$

【**例 10-2**】 收缩均匀的矩形孔口,截面为 $(0.05 \times 2)\text{m}^2$,出口速度 u_0 为 10m/s,求距孔口 2.0m 处,射流轴心速度 u_m、质量平均速度 u_2 及流量 Q。

解:此题为平面射流,
$$b_0 = \frac{0.05}{2} = 0.25(\text{m})$$

所以查表: $a = 0.108, s = 2\text{m}, S_n = 1.03\dfrac{b_0}{a} = 0.24\text{m} < 2\text{m}$

在主体段:
$$\left(\frac{u_m}{u_0}\right)^2 = \frac{1.2^2}{\dfrac{as}{b_0} + 0.41}$$

所以:
$$u_m = 4\text{m/s}$$

$$\left(\frac{u_2}{u_0}\right)^2 = \frac{0.833^2}{\dfrac{as}{b_0} + 0.41}$$

所以:
$$u_2 = 2.78\text{m/s}$$

$$Q_0 = u_0 A = 10 \times 0.05 \times 2 = 1(\text{m}^3/\text{s})$$

$$\frac{Q}{Q_0} = 1.2\sqrt{\frac{as}{b_0}} + 0.41$$

所以：
$$Q = 3.6 \text{m}^3/\text{s}$$

第三节　课后习题详解

【10-1】 射流的质量流量沿流向是否保持常数？为什么？

答：射流的质量流量沿流向不是常数。这是因为当射流射入空间后，由于流体微团的不规则运动，特别是流体微团的横向脉动，会引起射流与射流周围介质的质量和动量交换，即射流的卷吸和掺混。

【10-2】 绘制 $R_0 = 0.05\text{mm}$，$a = 0.06$ 的自由淹没射流的几何图形。

【分析】 首先求出射流的几个主要位置参数，然后按照比例绘制。

解：对于普通圆柱形喷嘴，形状因子为 $\phi = 3.4$。射流极角为：
$$\theta = \arctan(a\phi) = \arctan(0.06 \times 3.4) = 11.5°$$

喷嘴断面到极点的距离为：
$$h_0 = \frac{R_0}{\tan\theta} = \frac{R_0}{a\phi} = \frac{0.05}{0.06 \times 3.4} = 0.245(\text{mm})$$

转折断面到射流极点的距离为：
$$x_0 = 0.97\frac{R_0}{a} = 0.97 \times \frac{0.05}{0.06} = 0.8(\text{mm})$$

按照以上尺寸参数绘制自由淹没射流的几何图形如习题10-2图所示：

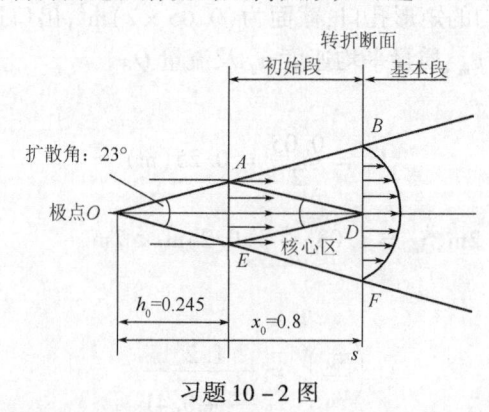

习题10-2图

【10-3】 实验测得圆断面射流的 $u_0 = 50\text{m/s}$，在射流的某断面上 $u_m = 5\text{m/s}$，试求在该断面上气体流量是初始流量的多少倍。

【分析】 考查圆断面射流基本段的流量计算。

解：基本段某段上的流量与射流初始流量之间的关系为：
$$\frac{Q}{Q_0} = 2.13\frac{u_0}{u_m} = 2.13 \times \frac{50}{5} = 21.3$$

即该断面上气体流量是初始流量的21.3倍。

【10-4】 有一圆断面射流，在距出口处10m的地方测得其轴心速度为其出口速度的

— 132 —

50%。假定射流湍流系数 $a=0.07$,试求喷口半径。

【分析】 考查圆断面射流轴心速度沿 x 轴的分布规律。

解:圆断面射流轴心速度的分布规律为:

$$\frac{u_m}{u_0} = \frac{0.97}{\frac{as}{R_0} + 0.29}$$

代入数据:

$$0.5 = \frac{0.97}{\frac{0.07 \times 10}{R_0} + 0.29}$$

解得喷口半径为:

$$R_0 = 0.42(\text{m})$$

【10-5】 试求距 $R_0 = 0.5\text{m}$ 的圆断面射流喷口20m,距轴心 $y=1\text{m}$ 处的气体速度与喷出速度的比值。(假定射流湍流系数 $a=0.07$)

【分析】 考查圆断面射流在水平与断面半径两个方向上的速度分布。

解:在距射流喷口20m处的轴心流速为:

$$\frac{u_m}{u_0} = \frac{0.97}{\frac{as}{R_0} + 0.29} = \frac{0.97}{\frac{0.07 \times 20}{0.5} + 0.29} = 0.314$$

即:

$$u_m = 0.314 u_0$$

此处的射流断面半径为:

$$R_m = 3.4ax = 3.4a\left(x + \frac{R_0}{a\phi}\right) = 3.4 \times 0.07 \times \left(20 + \frac{0.5}{0.07 \times 3.4}\right) = 5.26(\text{m})$$

根据射流基本段的半经验公式得:

$$\frac{u}{u_m} = \left[1 - \left(\frac{r}{R_m}\right)^{1.5}\right]^2 = \left[1 - \left(\frac{1}{5.26}\right)^{1.5}\right]^2 = 0.84$$

即:

$$\frac{u}{0.314 u_0} = 0.84$$

解得:

$$\frac{u}{u_0} = 0.84 \times 0.314 = 0.264$$

即距轴心1m处的气体速度与喷出速度的比值为0.264。

【10-6】 射流距喷口中心 $x=20\text{m}$、$y=2\text{m}$ 处的流速为 $u=5\text{m/s}$,初始段长度 $s_0=1\text{m}$。假定射流湍流系数 $a=0.066$,试求喷嘴出口处的气体流量。

【分析】 本题是一个反问题,给出了射流中某一点的速度,反求出口流量。

解:喷嘴断面到极点的距离为:

$$s_0 = x_0 - h_0 = 0.97 \frac{R_0}{a} - \frac{R_0}{a\phi} = 1$$

代入数值:

$$0.97 \times \frac{R_0}{0.066} - \frac{R_0}{0.066 \times 3.4} = 1$$

解得喷嘴半径为:

$$R_0 = 0.0977(\text{m})$$

在距射流喷口20m处的轴心流速为:

$$\frac{u_m}{u_0} = \frac{0.97}{\frac{as}{R_0} + 0.29} = \frac{0.97}{\frac{0.066 \times 20}{0.0977} + 0.29} = 0.07$$

即：
$$u_m = 0.07u_0$$

此处的射流断面半径为：
$$R_m = 3.4ax = 3.4a\left(x + \frac{R_0}{a\phi}\right) = 3.4 \times 0.066 \times \left(20 + \frac{0.0977}{0.066 \times 3.4}\right) = 4.5857(\text{m})$$

射流距喷口中心 $x = 20\text{m}$、$y = 2\text{m}$ 处的流速为：
$$\frac{u}{u_m} = \left[1 - \left(\frac{r}{R_m}\right)^{1.5}\right]^2 = \left[1 - \left(\frac{2}{4.5857}\right)^{1.5}\right]^2 = 0.5$$

将 $u_m = 0.07u_0$ 代入上式：
$$\frac{u}{0.07u_0} = 0.5$$

解得喷嘴处流速为：
$$u_0 = \frac{5}{0.07 \times 0.5} = 142.86(\text{m/s})$$

喷嘴出口处流量为：
$$Q = \pi R_0^2 u_0 = \pi \times 0.0977^2 \times 142.86 = 4.28(\text{m}^3/\text{s})$$

【10-7】 由 $R_0 = 0.05\text{m}$ 的喷口中喷射出温度 $T_0 = 400\text{K}$ 的气体，周围介质温度为 $T_1 = 350\text{K}$。假定湍流系数 $a = 0.066$，试求距喷口中心 $x = 5\text{m}$，$y = 0.8\text{m}$ 处的气体温度。

【分析】 考查温差射流。

解： 根据基本段中心温差沿流向的变化公式得：
$$\frac{\Delta T_m}{\Delta T_0} = \frac{0.706}{as/R_0 + 0.294} = \frac{0.706}{0.066 \times 5/0.05 + 0.294} = 0.1024$$

解得射流中心温差为：
$$\Delta T_m = 0.1024\Delta T_0 = 0.1024 \times (400 - 350) = 5.12(\text{K})$$

$x = 5\text{m}$ 处的射流断面半径为：
$$R_m = 3.4ax = 3.4 \times 0.066 \times \left(5 + \frac{0.05}{0.066 \times 3.4}\right) = 1.172(\text{m})$$

$x = 5\text{m}$，$y = 0.8\text{m}$ 处的气体无量纲温差为：
$$\frac{\Delta T}{\Delta T_m} = 1 - \left(\frac{r}{R_m}\right)^{1.5} = 1 - \left(\frac{0.8}{1.172}\right)^{1.5} = 0.436$$

该点处的温度为：
$$T = 0.436 T_m + T_1 = 0.436 \times 5.12 + 350 = 352(\text{K})$$

【10-8】 一射流直径 $d_0 = 0.3\text{m}$ 的管嘴出流，出口体积流量 $q_0 = 0.55\text{m}^3/\text{s}$，假定射流湍流系数 $a = 0.07$，试求距管嘴出口 2.1m 处的半宽度 R_m、轴心速度 u_{max} 以及断面的平均速度 u 和质量平均流速 u_z。

【分析】 考查圆断面射流的参数计算。

解： 射流极点到管嘴出口断面的距离为：
$$h_0 = \frac{R_0}{a\phi} = \frac{0.15}{0.07 \times 3.4} = 0.63(\text{m})$$

距管嘴出口 2.1m 处的半宽度为：
$$R_m = 3.4ax = 3.4 \times 0.07 \times (2.1 + 0.63) = 0.6497(\text{m})$$

管嘴出口处流速为：

$$u_0 = \frac{q_0}{A} = \frac{0.55}{\frac{\pi}{4} \times 0.3^2} = 7.78 (\text{m/s})$$

轴心速度为：

$$\frac{u_{\max}}{u_0} = 0.97 \frac{R_0}{as/R_0 + 0.29} = 0.97 \times \frac{0.15}{0.07 \times 2.1/0.15 + 0.29} = 0.115$$

解得：

$$u_{\max} = 0.115 u_0 = 0.115 \times 7.78 = 0.8947 (\text{m/s})$$

断面平均速度为：

$$\bar{u} = 0.2 u_{\max} = 0.2 \times 0.8947 = 0.179 (\text{m/s})$$

质量平均流速为：

$$u_z = \frac{0.455}{as/R_0 + 0.29} u_0 = \frac{0.455}{0.07 \times 2.1/0.15 + 0.29} \times 7.78 = 2.787 (\text{m/s})$$

【10-9】 用一轴流风机水平送风,风机出口的直径 $d_0 = 0.5\text{m}$,风速 $u = 10\text{m/s}$。假定风机出口射流湍流系数 $a = 0.22$,试求距风机出口 10m 和 20m 处的轴心流速和风量。

【分析】 此题考查圆断面射流流速和流量沿 x 轴的分布规律。

解： 风机出口处的流量为：

$$Q_0 = uA = 10 \times \frac{\pi}{4} \times 0.5^2 = 1.96 (\text{m}^3/\text{s})$$

距风机出口 10m 处的轴心流速为：

$$u_{10} = \frac{0.97}{as/R_0 + 0.29} u_0 = \frac{0.97}{0.22 \times 10/0.25 + 0.29} \times 10 = 1.067 (\text{m/s})$$

风机出口 10m 处的流量与出口处流量之间的关系为：

$$\frac{Q_{10}}{Q_0} = 2.20 \left(\frac{as}{R_0} + 0.29 \right) = 2.20 \times \left(\frac{0.22 \times 10}{0.25} + 0.29 \right) = 20$$

即风机出口 10m 处的风量为：

$$Q_{10} = 20 Q_0 = 20 \times 1.96 = 39.2 (\text{m}^3/\text{s})$$

同理可得距风机出口 20m 处的轴心流速和风量分别为：

$$u_{20} = 0.54 \text{m/s}, \quad Q_{20} = 77.14 \text{m}^3/\text{s}$$

【10-10】 采用压缩机—空气罐系统的压缩空气来清洁工件表面,压缩空气的密度为 3.1kg/m^3,由软管和圆形管嘴引出,喷嘴直径 $d_0 = 0.02\text{m}$,为达到好的清洁效果,要求工件表面处的射流半径为 0.03m,质量平均流速为 3m/s。假定喷嘴射流湍流系数 $a = 0.078$,试求喷嘴离工件表面的距离和压缩空气的消耗量。

【分析】 本题是一个反问题,已知射流半径求其横坐标。

解：射流极点到喷嘴出口的距离为：

$$h_0 = \frac{R_0}{a\phi} = \frac{0.01}{0.078 \times 3.4} = 0.0377 (\text{m})$$

射流半径计算公式为：

$$R_m = 3.4 ax = 3.4 \times 0.078 \times (s + 0.0377) = 0.03 (\text{m})$$

解得喷嘴离工件表面的距离为：

$$s = 0.0754 \text{m}$$

根据质量平均风速的计算公式：

$$u_z = \frac{0.455}{as/R_0 + 0.29} u_0 = \frac{0.455}{0.078 \times 0.0754/0.01 + 0.29} \times u_0 = 3$$

解得压缩机出口的风速为：

$$u_0 = 5.79 \text{m/s}$$

空气消耗量为：

$$Q_m = \rho u A = 3.1 \times 5.79 \times \frac{\pi}{4} \times 0.02^2 = 0.00564 (\text{kg/s})$$

【10-11】 用一平面射流将清洁空气喷在有害气体浓度为0.05mg/L的环境中，工作地点允许轴线浓度为0.02mg/L，并要求射流宽度不小于1.5m，假定喷嘴射流湍流系数 $a = 0.118$，试求喷口宽度及喷口至工作地点的距离。（$\Delta x_m / \Delta x_0 = 0.833/\sqrt{as/B_0 + 0.41}$）

【分析】 考查平面射流和浓差射流。

解：平面射流宽度的计算公式为：

$$B = 3.3ax = 3.3a \left(s + \frac{B_0}{a\phi} \right) = 1.5$$

代入数值：
$$3.3 \times 0.118 \times \left(s + \frac{B_0}{0.118 \times 2.44} \right) = 1.5 \tag{1}$$

由射流浓度变化规律：

$$\frac{\Delta x_m}{\Delta x_0} = \frac{0.833}{\sqrt{as/B_0 + 0.41}} = \frac{0.02 - 0.05}{0 - 0.05}$$

解得：
$$\frac{s}{B_0} = 12.86 \tag{2}$$

将式(2)代入式(1)，解得喷口宽度为：

$$B_0 = 0.236 \text{m}$$

喷口至工作地点距离为：

$$s = 3 \text{m}$$